人们从这里启程

又从这里归来

人们在这里离别

又在这里相逢

中国当代铁路客站建筑创作与实践

ARCHITECTURAL CREATION AND PRACTICE
IN CHINA'S CONTEMPORARY RAILWAY STATIONS

李春舫　著

中国建筑工业出版社

作者简介

Author Introduction

李春舫，1986年毕业于天津大学建筑系，现为中南建筑设计院股份有限公司总建筑师、铁路客站技术研究中心主任，教授级高级建筑师，国家一级注册建筑师，中南工程咨询设计集团有限公司"专业技术领军人才"，是享受国务院政府特殊津贴专家。

从业35年来，作者完成各类公共建筑设计90余项，在大学校园规划及教育建筑、会展建筑、交通建筑、博物馆建筑、体育建筑等领域完成多个优秀作品，荣获全国优秀工程勘察设计行业一等奖、中国建筑学会建筑创作银奖、香港建筑师学会两岸四地建筑设计及论坛大奖、亚洲建筑协会最佳公共建筑特别大奖提名、德国国家设计奖提名、世界建筑节优胜奖。此外，还荣获中国土木工程詹天佑大奖/集体创新奖3项。

2005年以来，作者致力于中国新一代铁路客站建筑设计实践，主持完成30多个铁路客站设计，其中包含多个省会城市的大型铁路交通枢纽，并多次获得国内外建筑设计大奖。在当代铁路客站理论研究和建筑技术创新方面，作者也进行了持续的探索：在重要学术刊物发表学术论文10余篇，主持完成了多个科研课题，其中包括住房和城乡建设部立项的科研课题。作者坚持"合理性基础之上的创造性"的建筑观，注重对地域文化的传承和时代性表达；坚持以"旅客体验"为设计出发点，强调客站的复合功能，强调客站与城市的高度融合；坚持因地制宜地应用绿色建筑技术，全面提升新一代铁路客站的内在品质。

自序

Self - preface

崔愷院士把建筑师分为两类："一类是以社会服务为职责的建筑师。他们以其掌握的专业知识和职业技能获得职业资格，从事建筑设计，为人居环境的改善、为城市文脉的传承、为不断发展的社会需求提供优质的职业服务；而另一类是以创新的作品对建筑学发展作出独特贡献并被广泛认同的明星建筑师。"我对号入座把自己归于前一类，但也还是心有不甘。追求创新、渴望能作出独特贡献的理想也一直存在，这也许是三十几年来，我职业生涯乐此不疲的主要动力吧！

一直在传统大院工作，我紧跟国家基础建设的政策导向，获得了较多的建筑创作机会。2001年至2005年，我抓住高校新校区建设的机遇，积极参与方案竞标，完成了多个大学校园的规划和大量的校园建筑设计。2005年左右，我国新一代铁路建设的风口也开始形成，我们勇敢地站到风口迎接挑战。以多个"客运专线"的建设为标志，中国高铁建设拉开了历史序幕。2005年开工建设、2009年底建成通车的武广客运专线，是中国"四纵四横"高铁网络中第一个开通的高速铁路干线，位于湖北、湖南和广东境内，从武汉站到广州南站全长1069公里，运营时速达350公里/小时。武广客运专线诞生了人类高铁建设史上的多项新纪录。这个时候的省会城市大型客站都由境外设计单位完成方案设计，再由国内设计单位完成施工图。

武广客运专线共设有三个省会城市大站：武汉站、长沙南站、广州南站。武汉站和广州南站都采用了境外公司的设计方案。长沙南站是我第一次参加国际方案竞标并赢得设计权的高铁车站，是中南院第一个省会城市的大站，同时也是由中国建筑师原创设计的第一个省会城市高铁枢纽车站。从此一发而不可收。我随后又带领团队赢得太原南站、郑州东站、杭州东站等大型铁路交通枢纽的设计权。从2005年开始到2021年16年间，我主持完成了铁路客站方案投标近60个，最终完成了其中30多座客站设计，至今已有28座客站建成投入使用。

新一代中国高铁车站设计，对我来说是一个严峻的挑战。我表面上意气风发、高歌猛进，实则战战兢兢，甚至可以说是诚惶诚恐、如履薄冰。学习与思考一直贯彻在我紧张的设计过程之中。我希望自己有所创新，能够给旅客带来更好的空间体验和感受，能够给城市贡献新的标志性建筑。通过对国内新建的铁路客站进行调研，我获得了很多有益的信息。到现在我还记得2006年夏天调研一个铁路客站时的情景。调研对象是一个境外设计公司主导方案设计、国内设计单位完成施工图设计的铁路客站。记得站长紧握着我的手盯着我的眼说："李总啊，请你在设计车站的时候一定要想办法节能啊！我们这个站大面积玻璃幕墙，阳光直射厉害，室内光线也太强了，用电量惊人，电费实在受不了啊！"这对我的触动很大，让我注意到车站的能耗问题，也促使我开始前瞻性地采用绿色建筑技术来实现客站节能环保，尤其是采用被动式节能技术来创造舒适的空间环境。2006年开始设计的太原南站就是一个典型的案例。它全面采用了绿色建筑技术，达到了后来才出现的国家绿建三星级标准。2007年我到日本考察火车站，3月16日我坐在新京都站（日本建筑师原广司主持设计）共享大厅的大台阶上，思绪万千。这次日本之行，打开了我的眼界和思路，应该说我受到了震撼和刺激，让我重新思考中国当代铁路客站与城市的关系，也就是大家现在都比较关注的"站城融合"的问题。

大部分铁路客站的设计、建设周期是非常紧张的。即使总建筑面积为20多万平方米的大站，施工时期也可能只有不到两年。在很短的设计周期内，如何精心设计、如何创新？如何保证施工质量到达预期效果？只有多花时间在施工现场，边完善设计边指导施工，尤其是关于装饰装修的细节问题。在几个大型客站同时施工的某一年，我持续奔波于几个工地，创下了我自己一年乘坐民航航班在天上飞一百四十多次的记录。

作为职业建筑师，我能感受到肩上的责任，所以在对建筑的认知上时刻保持敏锐性和警惕性。2010年在华中科技大学，以长沙南站为样本举行了"城市大提速——武汉高峰论坛"的学术活动。彭一刚院士、钟训正院士、袁培煌建筑大师、董孝论院长以及几位著名的大学建筑学院院长、教授，对铁路客站设计提出了高瞻远瞩的见解，使我获益匪浅。他们十多年前提出的中国高铁车站设计存在的问题，现在回过头来看，依然是我们亟待解决或者说并没有完全解决好的问题：包括车站建筑规模与空间尺度的问题，车站与城市融合的问题，车站地域文化性表达的问题，以及车站运营管理方面存在的问题，等等。保持独立的理性思考，冷静地审视和总结自己的设计成果，找出不足之处，会让我在建筑设计中更有底气。

建筑艺术最终还是要通过建筑技术来实现。我热衷于拥抱现代建筑技术，在铁路客站设计中也不例外。我认为建筑技术也是建筑创作、创新的一部分。我注重建筑呈现出结构之美，但这结构形式一定是建筑师创意提出来的。我也重视新材料、新型设备系统的应用。新型钢结构单元体、地源热泵系统结合地板热辐射采暖系统、屋面太阳能系统的集成、复杂无缝双曲面外表皮技术、新型张拉膜技术，等等，我们在客站设计中应用了这些建筑技术，同时也在创造出新的空间和建筑形式。

对于建筑设计，我总是希望能够根据已知条件，通过逻辑思维找到正解——我心中的正确答案，甚至是唯一的答案，哪怕我明知这个"唯一的答案"并不存在。创造积极的空间和场所，为人们提供更舒适的环境和更好的体验，是职业建筑师的职责；把历史文脉、传统文化精髓呈现出来，体现本土文化自信，是我的追求；创作出具有时代意义的建筑作品，则是我永恒的梦想。在建筑创作中我并不拘泥于某种套路，也没有特别偏爱的形式，只有一个执着的信念：建筑的合理性、创造性和独特性，在于它所处的时代，在于它所在的地域，在于它所服务的人群。

不管世界怎么变化，我们都不能停止思考和探索。建筑作品屹立在那里，我们的努力和智慧也写在那里。

2021年6月6日成稿于武汉

目 录

Contents

壹

绪言

城市大提速 ——武汉高峰论坛纪要[1]

Speed up the City:
Summary of Wuhan Summit Forum

时间：2010年10月16日

地点：华中科技大学

与会专家

彭一刚　　　（中国科学院院士、天津大学建筑学院教授）

钟训正　　　（中国工程院院士、东南大学建筑学院教授）

袁培煌　　　（中国建筑大师、中南建筑设计院原总建筑师）

董孝论　　　（浙江省建筑设计研究院原院长）

王兴田　　　（日兴设计上海兴田建筑工程设计事务所总建筑师）

魏春雨　　　（湖南大学建筑学院院长）

韩冬青　　　（东南大学建筑学院院长）

沈中伟　　　（西南交通大学建筑学院院长）

李保峰　　　（华中科技大学建筑与城市规划学院院长）

汪　原　　　（华中科技大学建筑与城市规划学院教授，《新建筑》杂志副主编）

---

1 原文发表于《新建筑》2011年第1期。

城市大提速武汉高峰论坛于2010年10月16号在华中科技大学召开。本次论坛由中南建筑设计院股份有限公司主办（简称"中南院"），《新建筑》杂志社承办，《华中建筑》杂志社协办。彭一刚院士、钟训正院士、袁培煌建筑大师等国内知名建筑专家和学者应邀出席了论坛。10月16号上午，中南建筑设计院李春舫副总建筑师陪同各位专家乘坐高铁并参观了长沙南站。参观过程中，除了体验到高铁带来的便利和高效外，还感受到流线合理、空间宽敞的新型高铁站房的便捷和舒适。下午的会议在华中科技大学举行，会议由华中科技大学建筑与城市规划学院院长李保峰主持，中南建筑设计院董事长张柏青致欢迎辞。专家们围绕高铁站房的设计发表了精彩的讲话，对高铁站房设计面临的种种困境作了深入的思考和剖析，并提出了很多具有建设性的意见。

20世纪80年代以来，快速的城市化进程引发了城市空间的根本性变革，这是中国的第一次空间革命。高铁的飞速发展缩短了城市之间的距离，促进了沿线地区社会、经济等方面的发展，必将引发中国的第二次空间革命，这种城市之间的空间变革较之第一次空间革命将更为剧烈。高铁站房的设计正在如火如荼地进行中，未来几年内中国将建设上千座高铁站房。虽然高铁站房的设计已经成为一个热点话题，可是对高铁站房这一多领域、多工种的新型专业设计的研究还很少，如站房与城市交通的衔接、站房的服务和配套设施、站房的规模和尺度、站房的地域性表达、站房的运营和管理等问题，均缺乏深入研究，还有待从理论层面上进行梳理、归纳、总结、提升。如何实现高铁站房与城市交通的无缝衔接，如何提高站房的空间效率，什么样的站房规模和尺度最合适，如何把站房细节融入旅行中……这些都是亟待解决的问题，希望这次会议能给日后高铁站房的建筑设计带来些许启示，并为研究工作提供新的思路和视角。

彭一刚：规模与尺度的全新体验与研究

高铁是一个新兴的行业、新兴的技术领域，那么高铁车站自然是一种新的建筑类型。国家要发展高铁，也就意味着要建一系列的高铁车站。中南建筑设计院可以说是一个开路先锋。我校86届的校友李春舫介绍的一系列高铁站房的设计方案，解决了这么多的技术问题，比如高铁站与城市空间的关系、站房本身的设计、站房如何体现地域文化，等等，他们在这方面确实作了很大的贡献。据说中国的高铁是目前世界上最先进的，不仅时速最快，运营里程也是最长的，所以好多国家都要买我们的技术，真的是非常了不起，很受鼓舞。

之前就看过好几个高铁站。例如天津站，新站、老站是合在一块儿的，普通列车和高速列车也是并存的，整合在一块儿就显得利索。大家都知道，过去的车站实际是很差劲的地方，人多，环境又脏又乱，功能也很混杂，军人候车室、普通候车室、郊区候车室，还有行李托运等都混在一起，一进车站头就疼了。现在不一样了，一进入车站，空间一目了然，流线清晰流畅。

上午参观了长沙南站，从功能流线到空间处理，再到结构技术的运用都有很多值得学习的地方，赞扬的话我也就不再多说了，有个问题我想提出来供大家思考。中南建筑设计院既然在这方面是开路先锋，在全国起着一个导向的作用，就更应该具有超前思维。武广这条线有12个站，长沙、武汉和广州几个大站搞得有气势些，确实可以让人精神振奋。但全国有上千个站，大站、小站是否应该区分一下？规模和尺度怎样最合适？中南院可以从这些方面做更深入的研究。

钟训正：服务配套设施的提速与整合

这两年高速铁路发展得很快，修建了很多高铁站房，上午参观的长沙南站在总体上设计得还是很不错的，大空间一目了然，流线清清楚楚，不会像以前的火车站那样进去以后找不到方向；此外，大空间的结构非常新颖，看得出来设计者动了不少脑筋，也体现出中南院的设计团队水平很高。但是，我觉得目前最突出的问题是城市道路等市政配套设施远远跟不上高铁的发展速度。

长沙南站和武汉站距城市中心都较远。去武汉站的道路坑坑洼洼，交通不太便利；长沙南站也有类似的问题，并且站区周边很荒凉，感觉还在农村，在乡下。这里涉及地方政府怎么与铁道部相配合，整合相关的"衔接"问题，如果市政配套跟不上，会给市民带来很大的不便。

以前去德国的一个城市参观，其车站设在城市中心，人们可以通过地下通道进入地下站台，对城市空间没有任何影响。而且购票也很方便，既可以在车站买，也可以上车后购买。尽管很不起眼，服务和配套设施也很少，但效率很高，与其他交通设施的连接也很方便。当然，中国和德国的国情还是有很大的区别的。中国是一个人口大国，尤其在出行高峰时段，如果没有一个足够大的空间解决相应的功能，肯定会像以前的火车站那样乱糟糟的。此外，相应的服务与配套设施不仅可以方便旅客，还可以增加将来的运营收入。

董孝论：高铁时代的震撼与展望

今天上午参观了长沙南站，感觉收获很大，感想很多，归纳起来大致有两个方面：第一个感想是高铁时代的惊喜与震撼；第二个感想是高铁时代的阵痛与展望。

每个国家在经济发展或提升时，必然会对它的交通，甚至交通网络进行加速和提升。我国就是在这样的历史背景、经济环境下迎来了高铁的快速发展，这是过去几年想都不敢想的。过去一提到高铁，想到的就是日本的新干线，但是就这么短短的几年，真的像是"忽如一夜春风来，千树万树梨花开"，这个世界全变了。我真的感到非常惊喜。

我国的高铁创造了好几个世界第一，比如说我们的高铁系统技术最强，我们的基础人力也是最强的，我们现在的高铁营运长达7055公里，系世界第一。我们今天到长沙的时速是340千米/小时，最近在杭州和上海进行了试验，时速达到486.1千米/小时，是世界最快的。另外，在建高铁站房的数目也是第一。根据有关的数据，到了2010年底我们在建、新建的项目将达到1002座，居世界第一，其中建成的要达到804座，这么大的数量，我能够不兴奋、不感到震撼吗？

中南院因为领导的重视及拥有一批强有力的技术中坚，经过短短几年的研究和实践，在非常激烈的设计竞争里屡屡中标，设计了非常多有创意的好建筑。能看到这么多大气、现代的站房，真的是机会难得。所以我也为中南院的成就感到高兴，表示祝贺！

第二个感想就是高铁时代的阵痛与展望。刚才两位院士也提到了一些看法和当前急需解决的一些问题，还有一些是导向性的问题。我首先感受到的是现在高铁发展带来的兴奋与震撼，但我也感觉到是不是太快了，因为有些东西跟不上，结果导致我们的设计非常难。时代在前进，经济发展必然带来交通模式的更新和变革，这是不可阻挡的。那么怎么办呢？我们面临很多现实问题，比如说我们的城市建设速度跟不上。李总也说了，我们总体的规划设计本身非常好，但与城市交通的衔接是一个令人头痛的问题、没有完全解决的问题。

因为高铁是城市与城市的空间结点，所以如果城市的配套问题不解决，那么高铁再通畅，城市与城市之间这个结点空间的交通问题还是没有解决。现在的交通实际上不是一根线，而是一个网络，只要网络的一个方面不通，就会出现问题。

另外，我觉得在大量建设的车站中，也有非常多的好作品，能否进一步深化车站研究的问题？因为车站设计是多领域、多工种的大型专业设计，建筑师作为一个指挥者，专业院作为一种配合，在设计大量火车站作品的同时，能否把车站的研究工作也抓一抓，进一步深化？比如说，总结出真正符合我国国情的新一代火车站结构类型。

袁培煌：全新的空间流线及地域性表达

刚才两位院士从铁路建设宏观方面提出了很宝贵的意见。我仅就李总的介绍及今天参观长沙南站的感受谈点体会。长沙南站从购票到大厅，到候车，再到站台上车，流线十分流畅。同样，到达时从站台下至出站大厅也非常便捷。在新的设计中如何重新定位和完善交通建筑的流线，在长沙南站实践中深有体会，首先要做好几点：第一，空间开阔，开阔的空间可以避免拥挤，使交通流畅；第二，视线贯通，视线应该没有阻挡，一览无余；第三，标识明确、标识位置明显，导向明确，路程最短。

以前设计火车站，功能关系图（泡泡图）十分复杂。旅客要通过购票厅、大厅、主通道、候车等空间才能到达站台，交通流线复杂，环节也很多。由于候车与站台不对应，看不见站台，路线又长，旅客就会很慌张。奔跑拥挤、嘈杂呼叫是火车站给人们的长期印象。参观长沙南站后情况完全改观，从候车室就能很清楚地看见站台与列车，旅客可以从容登车，应该说是很成功的。

另外，我想谈谈候车室的布局问题。在新建的一些站房中，大都有城市地铁站，据估计乘地铁到火车站的旅客占50%左右，成为主要人流。因此，从地下经过中间站台层，再上至高架层候车并不合理，有建议设置部分地下候车室。这个问题我认为并不那么简单。大家都知道，地下候车采光通风是很困难的，必须常年提供空调与照明，还要增设大量商业服务项目，而且至站台层还要开设自动扶梯与楼梯通道，使站台更为拥挤，进出站人员混淆，远没有上进下出的流线那么顺畅。只要地下出口与高架候车部分上下贯通，有便捷的上下自动扶梯，乘地铁到站的旅客便可以很轻松地到达候车大厅了。高架候车室采光、通风好，商业服务经济，管理方便合理。长沙南站也证明了这一点。

火车站的地域性问题，往往是指建筑形式，但我认为更重要的应该是气候和环境。李总介绍长沙南站时说，入口平台上雨篷的面积有1.2万平方米那么大，可以夏季遮阳、雨季挡雨，很适应长沙夏天热、雨水多这样的气候条件，为旅客提供全天候的舒适空间，这就是地域特点。另外就是自然通风和采光，长沙南站有非常充足的自然光照，两侧有可调控的通风换气窗，春、秋季进行自然通风，充分体现了环保节能的原则。屋盖系统中钢结构形成的波浪起伏及轻巧的玻璃窗带，形成了飘逸的彩带，非常柔和，非常流畅，与侧面的浏阳河亦十分契合，以上这些都是长沙南站地域特色的体现。

在大型火车站设计中，室内大空间如何设置空调是一件很困难的事。长沙南站摒弃了高速风口送风的方式，将送风口设置在候车大厅中间两排柱的基座上，离地3m左右，送风的距离缩短了，风速不大，噪声也小，解决了大空间、远距离高压送风所带来的问题。

参观了长沙南站后，我有一个深刻的体会，新建的火车站硬件设施，如规模、设施、装修、环境并不比机场差，但是软件服务，如城市配套设施还跟不上，从长沙到武汉高铁路程1小时，从武汉站到华中科技大学只有10公里，也花了1小时。长沙南站售票厅与进站大厅是相通的，但车站非要用栏杆阻断。一个现代化的车站必须与现代化的服务相匹配，这一点还需要从车站管理的角度做进一步的研究。长沙南站设计在现代化理念、交通建筑特征、快捷、流畅、舒适等方面都做出了一个示范的样板。

魏春雨：高铁站房与城市的无缝对接及象征性

我自己的设计经历与交通建筑基本上没有交集，我今天所说的全是经验的积累，作为一个乘客的经验。首先我要代表长沙市民对中南院表示感谢！特别是长沙一下子被带到了高铁时代，这个体会还是比较深的。因为对高铁站设计基本上没有经验，所以我想从我接触到的一些事情，从侧面谈几个问题。事实上有时候想起这几个问题也是很纠结的，一下子也作不出一个简单的评判。一个是站和乘的问题。因为我自己参与了武广客运的城市设计和几次论证，这个论证给政府包括我们普通市民提出的概念就是一个武广新城。由于武广客运专线长沙南站的建立，在长沙南部片区又形成了一个新城。因此，武广客运专线是一个空降的东西，是一个巨扩的东西。它带来的是城市的扩容和地产的开发，所以高铁并不是传统建设，事实上它和城市的关系要从全新的角度去理解。

市场的发展使得整个高铁周边区域在极短的时间内也得到了快速的发展。论证的时候我被请去评论城市的问题，也是因为这不只是一个交通问题了。高铁带来的是交通的无缝对接，城市公交、地铁系统甚至是城市空港的交通都能跟高铁交通无缝对接。在很短的时间内我们马上会修一个新城，周边的土地拍卖以后就是大量的房地产开发。周边现在看起来确实很荒凉，但可能在不久的将来，很快会高容量、高密度地建设起来。

交通的连接不是城市实体的连接，但是从城市运营和经营的角度讲，城市不是一个孤岛，它是一个城市运营的行为，是一个必然的、行政主导的因素。我觉得可以再关注一下高铁站和城市之间的关系到底应该完全融入还是适度隔离，这是一个很复杂的问题。

第二个就是象征性和地域性的问题。其实这个问题谈不出什么结果，但是为什么要谈呢？因为我当时接到了一个任务，就是中南院这个项目中标以后，当时的省领导和主管部门的领导就说老火车站有一个"红辣椒"，长沙南站也要表现出我们鲜明的特色，要给建筑外立面重新做个造型，让我去参加评审。首先说要突出"红太阳升起的地方"的概念，后来又说要把湖湘文化体现进去，最后的结果是不了了之，因为设计的立面五花八门。最后还是采用中南院原来那个方案，以功能化为主，很大气。后来《晨报》的报道说，南站前面种了很大的树，就是一个绿色的隐喻，我觉得很可笑，但至少表达了一个意思：市民希望有一种文化的隐喻在里面。因为它是一个公共建筑，不是一个简单的民用建筑，从这个问题就引申出第三个问题。

要颠覆一个传统意义上火车站的形象，就是一个完形的东西，这确实是一个观念的问题。我自己有几个体会，一个是日本京都火车站，它应用了集群的理论，当时我确实感觉这个火车站很好，进去后有美术馆、餐厅、商店、酒店，而且还有比较好的日本料理餐厅，各种功能完全融为一体。另外一个是JAP做的国际站。我们坐火车直接通达火车站下面，后来到空港、到城市中心，全部是网络化的，感觉火车站自身被消解掉了。我们去那里买书、吃饭，火车站已经变成了一个城市的汇聚点，让人感觉很轻松。这说明火车站的造型并不太重要，重要的是它是网络化的一部分。所以我觉得火车站空间的利用率应该比较大，使用上应该比较通畅。长沙南站也有很大的利用空间，将来真正运营起来也会起到很大的作用。

最后一点就是自己的感受。因为我们一直在宣传一小时、半小时经济圈，现在到武汉是一小时，将来到上海就三个多小时，到广州两个多小时，时间是越来越短了。就像《西游记》里面，孙悟空一个跟头就是十万八千里，唐僧却要走十几年，这就是距离和时间的例子。速度是快了，但是故事少了，这是一个人文层面的东西，所以我们既需要交通，又需要沟通。高铁怎么把细节的东西融入旅行的过程中，这是一个更加值得深入研究的课题。

使用以后我觉得长沙南站比我预想的好，中南院在这么短的时间内完成度还是非常高的。第一是基础合成性比较强；第二我觉得与城市对接做得非常好；第三我个人认为在地域的表达上做得很大气。所以作为一个使用者，作为一个长沙大众，我是表示敬意的，从学术的角度也是非常认可的。

王兴田：高铁站房的复合型与地域性

20世纪80年代我去日本留学，第一次乘坐新干线时发现，相对于当年国内通常的50～60千米/小时的铁路交通，以300km/h时速飞驰的新干线，其平稳、舒适的感觉和先进的技术令人惊叹、激动。20年后,中国的高铁也步入了世界先进行列,不仅在速度上有所超越,在平稳、低碳、舒适度上也属一流,怎不让人自豪!今天我们再次体验式地乘坐了武广高铁,全方位地对高铁体系有了进一步了解,这里有世界一流的高速列车及智能化运营管理系统,也有空间宽敞、形象气派的高铁车站。当然也体会了高铁出站之后低速低效的市内交通……我们讨论的焦点是"城市大提速"之高铁站房设计,中南建筑设计院设计的长沙高铁车站使用功能关系明确、合理,进出站动线便利、简洁,大厅空间舒展、敞阔,注重舒适度与低碳节能并举,这样的高铁站房与原有火车站站房不能同日而语,应该说有了质的飞跃,与高铁大系统的气质是相匹配的。

对于高铁站房设计的未来趋势,我认为还应着重从高铁改变城市生活方式和出行模式方面来重新思考,并结合站房所处地理位置是在市中心还是城市边缘,以及城市人口规模、规划结构、经济发展水平等多方位、多元化的角度去思考。具体地讲,随到随走的"公交化"式的高铁运营模式,一改以往长时间候车的火车站站房脏、乱、差的形象,其明确、便利、快捷成为设计要素,特别是设在特大和大城市市中心的高铁站房,应当融入购物、会友、休闲交流、餐饮、住宿等设施,从一元式交通站变为复合多元功能的"城市客厅",让出行不再有累赘和负担之感,而成为轻松、愉快之事。一般来讲,高铁车站还是城市公共交通的枢纽,理应具有与城市的连接十分便捷的特点。复合型站房有市场基础,也容易打造成有城市空间品质的新亮点。尤其对于土地资源紧缺的地区,也是一种集约高效地利用土地资源的途径。日本的新干线车站作为当地的地标性建筑均建在市中心,既有航空不及的就近方便的优势,还能营造成城市的繁华商业中心,一举多得。高铁改变了我们的"时空观",不仅为出行者提供了方便,还成为市民生活不可或缺的服务设施。

如将高铁站房设在城市边缘的地区,就一定要将"零换乘"至城市中心的公共交通系统予以完善,否则高铁的效率将大打折扣。市内公交的良好衔接会使站房地区形成良好的集聚效应。从长远看,处于城市边缘的站房逐渐会成为城市的副中心,因此大型高铁站房要以复合多元的功能,便捷、明确的进出站动线,恰当规模的候车空间,立体的零换乘市内交通等作为基本原则,并从长计议。

另一方面,集约、高效地利用城市有限的土地是可持续发展的重要方面。目前可能由于制度和体制的一些原因,还很少有复合功能的高铁站房。相信在体制进一步完善后,大型高铁车站会以多元复合型为主流出现在人们的视野中。

高铁跨越大江南北,各地的自然环境、气候特征、地域文化和习俗的差异很大,中小城市的站房设计如能一改目前片面追求扩大规模的城市标志性站房观念,在设计中挖掘各自的地域文化特征,结合自然环境条件,就能创作出富有个性和特色的中、小型车站。如果能将地方特有的地域材料和技艺用在车站设计中,就可以使归者有回家般的亲切感觉,使来者有异域风情之印象。在长期的生活和生产过程中,根据本地区自然环境和气候特征,各地都积累了许多低碳节能的经验和智慧,应在设计中将风、光、空气等自然元素巧妙地植入站房空间中,以达到舒适且低碳的效果。根据气候特征，站房空间可以有全开放、半开放或全封闭式等多种形式。在半开放式的空间中，也可根据流量、规模控制好封闭式空间容量。因此，在设计中小型高铁站时，如能在地域特征和空间设计上下足功夫，定会创作出富有地域个性气质和充分考虑低碳环保的现代车站站房。

韩冬青：环节建筑——高铁站房的新认识

非常高兴今天有机会和大家一起学习这个新课题——高速铁路站房的设计。上午体验了从武汉到长沙的高速往返，下午又听了李总的报告。虽然参观高铁长沙南站的时间比较短，但还是留下了深刻印象。其一，流线设计的确体现了对顾客的关怀，进站和出站流线都很便捷，与地铁和公交的换乘都统筹在综合换乘空间内，与社会停车和出租车流线的衔接也比较直接。内外流通的换乘空间环境设计与现状地形条件有很好的结合，同时体现了长沙的气候特点。"零换乘"也好，便捷换乘也好，这些理念都被广泛认同，但在实践中做到真的很不容易，长沙南站做到了。其二，选用树杈形钢结构应对大跨空间，并在建筑形式处理上有直接的表达，有效地表现了大跨度交通建筑的特色。其三，长沙南站对地域气候也有比较细腻的适应性设计（包括自然光运用和自然通风组织等）。这些都是特别好的设计理念和策略。我觉得这次活动很有收获。我此前也有限地参与过这方面的研究。在这个新的建筑类型中，目前已经建成的、正在建的及正在规划设计的也还很多，有很多新问题值得思考。借此机会，谈谈我的两个体会，以此请教各位老师。

首先，如何认识高铁站房？我觉得高速铁路站房本身应当被视为区域性快速交通与城市内部交通的转换环节。因此，这是一种典型的环节建筑（Keystone Building）。人对这类建筑的体验是非常内部化的，它是区域和城市动脉系统的一个节点，如何集聚，如何转换，如何疏散，其最核心的功能内容还是处理人车关系，即所谓"集—转—散"关系。高铁站房与传统铁路站房的差异就在于要反映出速度所带来的高效率和高效益。因此，站房设计要置于其所在核心区的整体组织设计之中。交通组织设计犹如人体的动脉系统，其实人对这类建筑的使用方式几乎都是在这个动脉管壁内部的。假设我们在血管内部走动的话，你是不知道系统外部的模样的。在整个管壁里面流动的时候，人的行为需求和心理体验最为要紧。所以我觉得，对于高速铁路站房的设计来讲，这种系统性的衔接是最为本质、最为关键的。但是这种系统衔接方式不仅要在规划和设计的专业技术层面上得到认识，更重要的是需要通过部门之间的高效协调和配合，也就是社会机制和管理层面上的无缝衔接才有可能做到。对这种本质上的系统功能的关注比对建筑造型的关注应当更为重要和迫切。由于高铁站房交通换乘及其配套设施的内部化，那种巨型广场加上气势雄伟的立面可能会成为一种传统甚至过时的观念，因为这种广场往往已不再具有组织人流、车流的作用，使用效率的缺失导致人的缺失，广场上没有了人，建筑立面往往也就失去了被观赏的机会。这种流线组织策略和场所创造的根本转型是值得深入思考的。

其次，对于高铁站房自身的建筑设计，理论研究还有些跟不上实践的节奏。一些问题也不全是设计专业圈内部可以充分解决的，需要通过积极的价值观引导和有效的社会系统整合才行。我觉得，对高速铁路来讲，的确要讲功能性、系统性、先进性、文化性和经济性，这个"五性"原则是非常正确的。那么，在"五性"原则的指导下，建筑设计策略的关键和要害在哪里呢？我个人觉得空间效率是一个关键问题，建筑设计中，一切行为需求和物质元素的最终实现都是一种占据空间的现象。无论是建筑师还是工程师，在处理这些候车空间、换乘空间，或是结构和设备系统时，都表现为占据空间。这种空间系统本身要组织得紧凑而高效。要倡导空间集约化的设计理念，如果无效空间过多，组织松散，就会导致流线加长，也会因内部容积过大而增加能耗。就是说，如果为了追求宏大，空间容积做得很大，在这个非理性的目标前提下再寻求技术解决方法，就有点本末倒置了。希望通过更多的案例经验及必要的量化跟踪调研，展开高铁站房空间效率问题的探讨，推动高铁站房建筑设计理论的系统化进程。

中国高速铁路建设所取得的成就可以说令世界惊叹！我们需要在已有实践经验的基础上，在价值观引导和技术方法上更上一层楼。需要注意的是，与技术的进步相比较而言，观念的进步可能更加迫切且影响深远。所以，还是有大量的工作可以继续做。感谢这次会议所提供的案例经验带给我的启示！

沈中伟：作为交通综合体的高铁站房

这次参观了长沙南站和武汉站，我体会到武广高铁确实是基本实现了公交化和通过式，很不容易。当然公交化是通过式的一个前提，没有公交化就会有等候，就谈不上通过式。现在来看，无论是武汉站还是长沙南站，其表现出来的新内容、新空间可能都会受到一些质疑：是否过于超前？过度了？这几年我们对站房做了一些研究，深深体会到在社会经济快速发展的大背景下，在站房形态变革的过程中存在很多矛盾与问题。

这是一类全新的建筑。新的需求、新的内容、新的形态，所以站房创作的难度确实非常大。2003年以前铁路站房都是相对简单的，因为铁路是大运量运输工具，都是等候式，武汉到长沙之间也没有几趟城际列车，站内的效率低，站外的关系简单，所以传统站房所出现的复杂性和矛盾性是比较少的。随着经济活力的增加，客流量猛增，公交化的要求越来越高，站房内外组织的复杂性与矛盾性会越来越明显。2003年以来，出现了以北京南站为代表的，综合考虑与城市轨道交通、公共交通等交通方式有机衔接的一体化交通综合体，我们把它叫作新型铁路站房。也就是说，新型铁路站房就是一个交通综合体。

按照新型铁路站房模式进行设计建造的大站主要有北京南站、天津站、武汉站、长沙南站、广州站、郑州东站、杭州东站、南京站、西安北站等。与传统铁路站房相比，新型铁路站房设计创作所面临的问题要复杂得多。对于综合换乘理念下的新型铁路站房设计研究与积累并不多，真正可供参考的现实典型案例在国内几乎没有。到目前为止，我国建成的新型站房也没有几个，最早建成的是南京站，最大的站是北京南站。对于这样特殊的类型，在目前非常有限的技术支撑下，如同在一张白纸上做文章。所以，长沙南站我觉得还是精彩、漂亮的。听说中南设计院设计了好几十座车站，说明他们对高难度的设计是比较专业的。全国新时期要建设一千多个站房，目前大概完成了六七百个站的设计，中南院占的份额还是非常大的。

新型铁路站房的一个最大转型就是站房从传统铁路沿线的站点转变为具有城市角色的城市综合换乘枢纽，并产生出很多满足城市需求的衍生功能。刚才各位提到的日本京都站就是满足了更多的城市功能。它不仅仅是一个火车站，其站房功能的面积占总建筑面积的25%还不到，而其余75%以上的建筑面积都是用于满足城市交通衔接、城市商业甚至文娱等功能的。长沙南站与城市之间有一条非常清晰的红线。武汉站红线内的建筑非常漂亮，而红线外杂乱无章，与城市公共交通的衔接还没有完成，所以今天我们坐汽车去武汉站颠得骨头都散了架。我觉得社会对车站如何更好地全面投入使用并运营的理解和支持都是不够的。

兴建新型铁路站房这样的建筑类型是非常复杂的，实现起来也非常难。具体来说，就功能而言，要集中高密度、大流量的人流、车流、物流，这在其他的建筑类型当中是少见的。就技术而言，大空间、大跨度的建筑结构对建筑的影响大，难度也大，而有些站房是将建筑与桥梁等做一体化设计，难度更大。有300km/h的火车通过，必然会对建筑产生各种影响。就大空间而言，涉及的技术很多，如大空间的采光问题，我们今天去看的长沙南站的采光还是非常好的；还有就是声环境的问题，今天我仔细感觉了一下声环境，觉得长沙南站的声环境也是很好的；另外还有通风问题、暖通空调问题。很多空间是开放的，在非常极端的气候条件下如何处理建筑物理环境，其技术问题都是非常特殊而复杂的。

另外，就形象而言，如何在一个庞然大物上表达好自己的想法和文化，是任何地方政府都看重的一点。依我看，新型铁路站房的门户作用主要是城市进与出的功能作用。长期来看，这个城市大门的形象功能会渐渐淡化。现有几个已建大站周边大都一片荒芜，完整形象的形成可能还要3～5年的时间。综合换乘功能形成了，人们直接进站，也看不到其形象。在这样一个时期进行建筑设计创作，要与社会的需要相结合，建筑师有一定的矛盾心理。当然，长沙南站综合来说还是不错的。把铁路站房作为城市地标形象及标志性建筑进行设计，民用设计院有其优势。

最重要的是，在研究上还要再加大一些投入，特别是要重视一些基础性问题。刚才很多专家也提出了，怎样的规模、尺度才合适？有些已建建筑，现在看起来似乎非常空旷，武汉站、长沙南站都还没有满负荷投入运营。另外，我国交通出行的峰值远远没有到来，现在仅是交通发展的爬坡期，是峰值的30%。结合国外经验，高强度开发的城市要依靠大运量的轨道交通来解决城市主要交通出行是必然的趋势。交通必然会融入每个人的生活中，在交通中安排生活、享受生活甚至会成为我们一种新的时尚。很多工作、思考都将在交通过程中完成。当交通峰值到来时，这些"富裕"的交通空间就会相对变"小"，对这些问题进行一些前瞻性的研究与判断还是非常重要的。

需要重视的是，交通建筑首先要把交通问题解决好，其他的形式、文化等可以放在另一个层面上考虑，否则容易在功能关系上犯错误。很多问题就是因为过于注重门户形象、忽视实际功能所造成的。铁路站房标准方面要有强制性，空间的规模，包括高度、宽度、面积、体积肯定应有一个基本的范围。

新型铁路站房的规划与设计还要处理好三个关系：

第一，站房与城市的关系。除了综合交通的关系外还有社会经济形态转型，这个也是要考虑的。周边的城市设计、周边的物业形态究竟有哪些变化？城市有哪些功能需要跟我们的综合体充分结合？怎么提升土地综合使用的最大价值？铁路和城市的红线怎么突破？站房究竟建在城市的什么地方比较合理？站房究竟是让市民方便使用，还是为推动经济发展服务呢？这些是值得进一步思考的问题。

第二，站房与交通发展、经济发展的关系。这是一个大问题。今天我们的空间显得大了，但是过了10年、20年就显得小了，我们应能动地采取工程分期有序建设的方式，有需要就建设，而且要充分考虑中国人口构成的现状。现在我们中国人口的主要组成部分还是农民，农民工还有季节性出行的特点，长沙南站还要接受春运高峰的检验。我国人员出行有很多的特殊性，即使是城市的人群，出行经验不足，对空间的适应也是一个极大的考验。长沙南站对于"集—转—散"有两千多平方米的面积考虑，这对出行经验不足的人来说是一个重要的缓冲区。人群的出行经验是我们所面临的一个现实问题。全社会文化层次较低阶层还占很大比例，很多人连标识都看不懂，匆匆忙忙、晕头转向，所以在交通建设中很多社会现实问题都会反映出来。

第三，设计要重视站房营运与管理的问题。现在已建站房有不少高大空间，面积也宽裕，而其使用目的与现实管理是两码事。火车站运营管理有本身的立足点，一个是成本和核算，如果不是按照车站运输了多少人而是按成本进行核算，往往会使该出彩的地方不出彩；还有一个就是进门就必须接受安检，这非常影响使用，降低了站内空间使用效率。这和社会文明程度有关。铁道系统查获的易燃易爆物品非常多，取消安检是不可能的，如果把安检放在直接进站台的位置，安检速度也跟不上。国外所有的车站基本上都是开放的，可以直接进入火车站台，而我们要经过重重关卡，所以往往站内空空荡荡、站外人山人海，在"瓶颈"还要长期存在的情况下，空间怎么处理也大有文章可做。

交通建筑设计当然要重视处理与人相关的问题。要关注细节，关注出行者心理、行为特点，关注愉悦环境的营造，等等。通过参观和会议，我的收获也非常大。

汪原：高铁引发的第二次空间革命

我自己在中南建筑设计院工作过好几年，现在看见中南院紧跟我国高铁的发展，在短短几年内设计了这么多的大型高铁站，我为中南院取得的成绩感到骄傲。

高铁的发展实际上引发的是中国的第二次空间革命。

20世纪80年代以来，随着城市化的高速发展，中国的城市空间已经发生了根本的改革，奥运会、世博会已经发展到极致了。这种城市空间的根本变革，我们可以称为第一次空间革命，当然这种空间革命是发生在城市中的，也就是城市空间本身发生了革命性的改变。而高铁则是城市与城市之间的新型交通纽带，它引发的是城市之间的空间变革，而且这种变革可能更根本、更剧烈。

首先，高速交通让城市与城市之间的空间阻隔消失了，从时间层面上来说，同城出行与到异地出行没有区别。比如从武汉到广州一千多公里，普通列车要十几个小时，而现在只要3小时，感觉空间被时间压缩了，这就是美国著名学者大卫·哈维所提出的"时空压缩"概念。这种"时空压缩"带来的最根本的变化就是原来由于空间距离而造成的城市之间的差异在逐渐缩小，甚至造成地域性和全球性的同质化。这给地域文化带来了极大的冲击，也必将引发全新的社会和生活模式。作为建筑师就不应局限于从技术层面上设计好高铁的站房，而是应该站在更高的层面上思考如何去面对"二次空间革命"。

其次，在未来几年中我们要建设上千个高铁站房，这个数量在全世界也是前所未有的。在数量的积累上我们能否有一个质的飞跃呢？也就是说我们能不能在这个基础上创造和研发全新的技术和理念呢？除了设计实践之外，应该有专门的研究人员对这些年设计中存在的各项问题在理论层面上进行梳理、归纳、总结、提升，并创造出有自主知识产权的新技术和新理念，使我们在高铁的设计和技术上能始终处于领先世界的地位。

沉潜与奔流 ——关于高铁太原南站设计的对话[1]

Submergence and Onrush：A Dialogue
on the Design of Taiyuan South High-Speed Railway Station

采 访 人：汪原，华中科技大学建筑学教授，《新建筑》副主编

被采访人：李春舫，中南建筑设计院股份有限公司副总建筑师

采访时间：2017年9月25日15点

采访地点：华中科技大学建筑与城市规划学院《新建筑》编辑部

一、收获与改变

汪原：首先非常感谢李总能接受《新建筑》杂志的采访。同时也祝贺李总主持设计的高铁站房在国内获得中国勘察设计协会优秀工程勘察设计一等奖和詹天佑大奖之外，今年又斩获两项国际大奖：杭州东站获2017亚洲建筑师协会"最佳公共建筑大奖"提名，太原南站获2017年香港建筑师学会"两岸四地建筑设计论坛及大奖"。我知道您一直专注新一代高铁站房的设计十多年，作品频频荣获设计大奖，显然是经历了一个较长时期的探索和努力才有了今天的收获，能否先大致回顾一下这个过程？

李春舫：我所在的中南建筑设计院股份有限公司是路外设计院[2]中最早介入新一代铁路站房设计的，获得的第一个省会城市的大型站房项目是武广客运专线上的长沙南站。在这之前，省会城市的大型站设计一直都是国内铁路设计院加境外设计单位的设计领域，由美、英、法、德等境外设计机构完成方案和初步设计。例如广州站由英国FARRELLS完成方案设计，武汉站由法国AREP公司完成方案设计，上海虹桥站则由美国HLM完成方案设计。长沙南站是我2005年参与国际方案投标的第一个站，也是我公司中标实施的第一个省会城市大站。当时境外有五家单位、国内有铁路设计院和我们参与竞标。之前我们还没有做过省会城市高铁站房，所以基本上是在"摸着石头过河"，也许正因为如此，我当时心态还是比较放松的。然而放松不意味松懈，我在设计之前做了大量功课，将国内已经出现的大型站仔仔细细地进行分析研究，从城市总体规划、城市交通着手，最后再到站房类型。我提出引入立体交通，借鉴"上进下出、快进快

1　原文发表于《新建筑》2018年第1期，原名为：沉潜与奔流——关于太原南站设计的对话。

2　路外设计院：非中国铁路总公司（原铁道部）所属的设计单位（院所）。

出"的机场化旅客流线，应用到新一代铁路客站设计中。因为有境外设计单位的参加，当时请的评委中有知名的院士和大师。而我们的方案之所以能够获得评委肯定，我认为有两方面的原因。一方面是方案具有完整性。我们充分考虑了今后沪昆客运专线的引入，其他的方案只是象征性地陈述第二期应该怎么做，只有我们的方案将一期与二期作为一个整体呈现出来。我们通过一个自由形的波浪将第一期（约260米的波浪）与第二期（约200米的波浪）形成延续的整体，将站前广场、城市交通以流畅的功能流线衔接，这一点得到专家的高度认可。（后来的工程实施完全按照我们的设想实现了。）另一方面是与环境的融合。车站用地位于湘江边上，如果出现一个特别大的建筑体量会是一件很可怕的事情，我希望通过一个比较自由、柔和的设计来化解建筑体量与环境的冲突，因此采用平缓流畅的波浪形态、树枝状的结构体系，创造了充满流动性的特征很强的空间。从长沙南站开始，我和我的团队在十年间，完成了三十多个铁路旅客车站的设计。

汪原：记得六年前，《新建筑》杂志针对高铁长沙南站专门做了一次学术论坛，在研讨中，与会的专家学者对长沙南站的设计给予了较高的评价，同时也提出了一些意见和建议。从长沙南站到太原南站，您觉得这几年自己在设计上最大的改变是什么？

李春舫：长沙南站还有点摸着石头过河的感觉，但我们积累了经验。到设计太原南站时，我的信心大为增强。我试图在原铁道部提出的"铁路设计五性原则"[1]中的"文化性"层面上做些探索。与境外同行相比，中国建筑师更有中国文化的底蕴，能更好地将地域文化融入现代交通建筑的设计。所以我在太原开完方案投标现场会后做的第一件事情，就是带设计组到山西调研考察。山西境内唐、宋时期的木构建筑遗产，给我的感觉是震撼；精美的山西民居也给我们留下深刻印象。在深入了解当地的地域文化之后，我决意将山西地域文化元素体现到太原南站的设计之中。而境外建筑师对中国的印象还是一个比较抽象的概念，习惯于用粗放的手法放大传统的建筑形制，多以坡屋面为代表，设计缺乏细节。当时日本设计团队提供的投标方案将高层的城市综合体与高铁站房合二为一，直接架空在铁路站场上方，其实也是很有创意的，但建筑形态缺乏地域特色。我们方案的独特性引起了评委的关注，最终获得了第一名，并成为最后的实施方案。

随着一个又一个的铁路站房中标实施、建成投入使用，我们的站房设计还在继续高歌猛进。这几年要说有所改变的话，是我的思考范围不再拘泥于站房本身，而是开始关注如何更好地处理铁路车站与城市的关系，这将是一个大课题。

---

1 铁路客站设计"五性"原则（原铁道部提出的客站设计原则）：功能性、系统性、先进性、文化性、经济性。

汪原：高铁站，特别是省会城市的高铁站，是一个城市重要的交通基础设施，与机场具有相同的功能。曾几何时，机场的设计在空间形式上刻意追求地域文化的表达，而在当今全球化的背景下，机场形式越来越趋向空间的明晰性和功能流线的高效性。而在国内高铁站房的设计中，结合地域文化所呈现出的形式特色却占据主导，作为一个建筑师，您是如何看待这两者之间的差异性？

李春舫：机场与铁路交通枢纽最大的不同是位置的不同。机场选址只有极个别由于历史原因位于城市中心，绝大多数往往受空域的限制位于城市的边缘，从某种意义上讲是独立于城市而存在的。但是火车站与城市的关系更为紧密，例如武昌站位于武昌的中心，汉口站位于汉口的中心，新建的武汉站离城市也比较近。比较来看，铁路交通枢纽跟城市关系更直接，也可以说城市属性更强。城市发展过程当中特别依赖铁路交通枢纽，因其所具有的城市的资源聚集效应，可带动城市形成新的发展区域。它的城市属性、门户概念都更强烈。

另外我想补充一点，交通建筑旅客流线的便捷与高效应是第一位的。我的直观感受是：现在机场规模越来越大，旅客步行距离也越来越长，常使人感到紧张和疲惫；大型铁路交通枢纽日均旅客发送量超过10万人，虽然进出站流线更简短快捷，但旅客换乘方式还不够完善。

二、设计与建造

汪原：对于高铁站的设计，首要的问题即是选址。因为高铁站的选址与城市关系非常密切，很多城市都希望通过高铁站的建设拉动城市的发展，甚至创造一个新城。随着车站周边城市的快速发展，太原南站已经与太原城市结合得越来越紧密，能否介绍一下当时选址的情况？

李春舫：整个太原市被东西两侧的吕梁山和太行山相夹形成峡谷平原地带，城市除了往南北带状发展别无选择。开展太原南站方案设计时，车站区域连完整的城市规划都没有，只有车场和站房的选址。城市发展，交通先行。当年一个满眼麦田、周边连条像样的道路都没有的城市郊区，经过短短八年时间的发展变成一个城市新区，太原南站对城市发展的带动作用非常明显。出于城市空间发展的考虑，太原南站位于城市中心区与机场中间，坐机场大巴，从太原南站到机场只需20分钟，与机场形成更大区域的综合交通枢纽。便利的交通为整个城市，尤其是太原市南部新区的发展提供了基础保障。

汪原：一般来说，建筑师可大致分为两类，其一是持有自己独特的理念和空间原型，并在不同的设计项目中演绎其理念和空间原型；另一类则会针对不同的项目和基地条件，采用不同的设计策略，建筑形式的生成并无既定类型可循。在太原南站的设计中，您是先有了某种空间原型再去推演和完善设计，还是根据太原站具体的设计条件去探寻形式原型？

李春舫：我是不愿意重复自己做过类型的建筑师，而且我本人对结构很敏感，觉得对不一样的空间形态采取不一样的结构形式来实现会有比较大的乐趣，所以我不太愿意或者说不擅长用某种特定空间形态来呈现我的每个设计。也许是与我接受的建筑教育有关，因地制宜往往是我思考问题的出发点。我总是在不断尝试多种可能性，用新的建筑空间、结构体系来形成不同的作品。不管是大站还是小站，我都会针对当地地域文化和气候条件，采用不同的手法来表现，所以差异性很大。例如郑州东站，为了表现中原文化的沉稳和厚重，我选用的结构形式、建筑材料及形象的表达方式与长沙南站就是两个极端，一个厚重，一个轻盈。太原南站的原型其实是被设计条件逼出来的。

汪原：太原南站的空间结构单元给人强烈的直观体验，这一形式的最初灵感源自哪里？

李春舫：因为在方案投标阶段，城市规划有四十多米宽的城市中环线（南中环路）与铁路车场成六十多度的夹角从车场下面穿过。城市环线的上方是铁路站场，铁路站场上方是站房，从上到下整个空间体系和结构搅到一起，很复杂。我从梳理设计条件出发重点解决夹角问题，最终形成投标方案的平行四边形柱网系统，通过这种方式化解了城市环线与站场的夹角问题，形成上下一体化的结构体系。如果遵循常规的矩形柱网，城市中环线的地下空间几乎无法实现，即使可以实现也要通过复杂的结构转换。平行四边形柱网确定后，我希望弱化室内这种不平衡的空间感受。在方案推敲过程中，我跌跌撞撞地找到了采用单元体结构的方式化解空间与结构问题的方案，希望由此产生一个有特色的室内空间。我们的设计出发点不是立面形式而是空间与结构，由空间与结构自然生成立面。所以我说结构就是建筑，结构就是空间，在太原南站我们也延续了这种设计理念。

汪原：太原南站结构单元体系的设计使我联想到建筑师与结构工程师的合作。在国内，建筑和结构是两个分割得比较厉害的学科，建筑师与结构工程师的工作流程很少有交叉。在进行一个项目设计时，往往是建筑师首先提出一个空间设想，然后请结构工程师来配合设计，这在很大程度上就是一个所谓的合理性结构选型的问题。至于结构空间新的可能性则较少涉及。而在国外，比如日本，建筑师与结构工程师结合得就非常紧密。建筑师不仅具有很好的结构素养，结构工程师也同样具有丰富的建筑学知识。往往在一个方案设计的初始阶段，结构工程师就介入进来。太原南站在结构设计上特点非常突出，在设计过程中，您作为一名建筑师是如何与结构工程师合作设计的？

李春舫：我觉得汪教授说得特别好，国内两个专业往往是分开的，但是不论是长沙南站还是太原南站，或者是其他几个站，我都是在方案阶段就提出明确的结构方案并与结构工程师一起干。建筑师必须有良好的结构力学素养来把控结构形式，在方案设计过程中完成结构原型的选择甚至是创造，而不是等结构工程师来"配结构"。建筑和结构是一个分不开的整体。比如设计太原南站的时候，每个伞状单元体尺度达到36米×43米，又是8度抗震设防地区，我心里没底，就和我们公司非常优秀的结构工程师周德良来探讨钢结构单元体的可能性。在最后的方案优化设计阶段，我们把实体模型建出来之后，结构再把实体模型拿过去看结构上有没有什么不合理的或者缺陷的地方，双方不停地反馈、修改。实施方案在投标方案基础上优化的目的就是希望在不破坏原有形式感的前提下使单元体结构更加简化，将天窗正下方的结构构件反复优化，使之干净而有韵律。实际上，一旦结构要暴露出来，结构本身的美感往往就是建筑师要特别关注的。我们用电脑把整个空间模型建出来，从多角度来看构件大小、空间比例、高度等是否合适，对细节经过多次的推敲才形成现在的结构形式。长沙南站的树状结构体系也是我在建筑方案创作中重点思考和研究的建筑表达方式。

汪原：处理好设计与建造的关系是建筑师的基本素养，但在大型或复杂的设计项目中要求建筑师体现出更为全面的技术协调能力。在太原南站的现场，我们看到空间中每一个结构单元的完成度非常高，如此巨型的结构单元的具体施工建造应该是一个非常棘手的问题，您是如何实现的？

李春舫：是的，设计的时候建筑师一定要思考实施的可行性问题。每个单元体覆盖面积达1548平方米，结构构件尺度大，重量也大。主体构件全部在工厂制作，运到现场安装。长途运输的平板车、大货车的最大载重量、最大尺寸，我们必须满足；现场安装的吊车能承受的最大荷载是多少，我们必须清楚。根据构件制作、运输和吊装的条件，我们决定将单元体分成几个部分，先进行标准化的工厂制作，再运至现场，只需把分段的构件焊接形成完整单元体。也就是说交通运输条件和现场安装条件都要在设计中通盘考虑。另外，您在现场看到的比较精致的钢构件的表面处理，也是费了一番周折的。关于钢结构防火涂料的选择，都记不清请了多少家单位在现场做样板，通过比较施工工艺和效果，最后采用了进口的薄型防火涂料。

汪原：据说在施工图完成后，业主提出要修改设计，正是因为采用了空间结构单元这一形式，致使设计团队在很短的时间内顺利地解决了这一难题，能否介绍一下具体的情形？

李春舫：的确是这样的。当时站房是从西往东施工，当西侧站房的钢结构单元体已经立起来、位于铁路站场上方的候车大厅部位的单元体正在安装的时候，施工被暂停。因为大西客运专线突然要增加进来，要增加四个站台。如果是普通的结构形式，在这时候将其打断再加建，需要进行很多的结构处理，比如在交界处立双排柱或者进行分缝处理，这就可能会对空间、结构的连贯性有很大的影响。但是单元体的结构本来就具有自由生长的特性，增加四个站台，只需再顺着增加两排单元体，其他部分几乎没有变化，这个问题就完美解决了。

汪原：太原南站是国内第一次采用单元体这种结构形式的大型铁路站房。正如您刚刚阐明的，结构单元形式有非常大的优势，为什么其他站房设计很少采用单元体结构形式呢？是不是对将单元体结构形式运用到高铁站房还有认识上的误区或者技术上的难点？

李春舫：不是技术上的问题，是认识上的问题。地方官员对前三名的设计方案有选择权，而往往单元体的形式是不被看好的，所以设计院也不太敢去冒这个险。当时太原南站方案送到地方政府的时候，我也预料到地方官员不一定会很欣赏。但我坚持要把它完善好，并与地方积极沟通交流，让对方接受，这个是有风险的。前年我们完成投标方案的另一个大站也采用了单元体结构，非常有特点，也是获得第一名，地方最后选择的是第三名的方案。但我感觉不一定是地方真不喜欢，会有其他原因。今年我们又有个中标实施的铁路车站运用了结构单元体——湖北随州南站，一个两万多平方米的站，皆大欢喜，正在设计之中。

第一个不对称的铁路车站——武广客运专线上的衡山站是我主持设计的，第一个单元体铁路车站——太原南站也是我主持设计的。我认为建筑师要有自己的追求，有时候要给自己一点信心、一点压力，还要有一点敢于担当的创新精神。不要太在乎最终能否拿到项目，而是抱着要做一个好作品的决心。如果太患得患失，就难以通过建筑创作本身去突破，来获得成就。太原南站完成度比较高的重要原因之一是方案确定后，不管是地方政府还是当时铁道部鉴定中心的专家，都是支持的态度，没有任何干预，支持单元体的创新，支持传统与现代的融合，支持绿色建筑。当然还有业主和施工单位创精品工程的进取精神。

单元体从某种意义上来讲就是理性地"平铺直叙"，例如太原南站通过"一把伞"的重复，覆盖整个主体空间。实际上我们的"一把伞"不仅仅是结构单元体，也是建筑单元体，单元体自身就能解决自然采光、自然通风和火灾状况下自动排烟的问题。有时候地方总想做出标新立异的标志性建筑，但这种标志性往往是趋同的，甚至照搬现成模式，或者追求怪异的"与众不同"，说白了就是文化上的不自信。

三、设计之外

汪原：在用结构单元体构成整体空间系统之后，另一个需处理的核心问题就是维护体系。太原南站在整体上，结构单元体系与空间维护体系两者的关系结合得比较有机，但仍然还是有些遗憾，例如局部的幕墙与屋顶结合处没有充分凸显结构单元的完整性，这对于设计来说并不存在技术上的难点，是否存在其他的影响因素？

李春舫：主要是控制站房面积的原因。当时面积的计算方法是室外部分不纳入站房面积，也就是说外檐及出挑都不算建筑面积。所以如果要把这一跨完整地放到室内，使外幕墙位于柱中心，进站广厅的进深就要增加大概14米，从使用功能上进深不需要那么大，增加面积也突破了建筑规模。现在看来，这一部分空间放在室外形成一个半室外空间作为旅客聚集场所也挺好。当然，如果扩大进站广厅进深，使幕墙位于单元体柱的中心，凸显结构单元的完整性，那就会更完美一些。

汪原：对于大型的客运站房，首先要处理的是功能使用的合理与交通流线的顺畅，但使用者在空间中的感受越来越受到重视，在太原南站的设计中您是如何处理这个问题的？

李春舫：没错，室内空间体验与感受正是我们需要关注的关键点，但并不是空间越大、高度越高越好，因为空间越大意味着建造成本及维护成本也越高，所以适宜的空间是非常重要的。太原南站的大空间，其高度是受控的，整个高度控制考虑了两个因素：一是整个候车厅的高度要求，二是两边的商业夹层与顶棚高度的适宜。在空间设计过程中，我们也考虑了室内的环境效应，比如声学、光学及减振措施。既要满足天然采光要求又要控制光的照度，既不能太亮太刺眼，又不能照度变化太剧烈，这是光环境的舒适性问题。在初步设计阶段，我们完成了天然采光的计算机模拟分析，由此核定屋顶采光面积的大小。在建成后，我们进行了天然采光的现场数据实测，与设计模拟结果接近，完全满足白天自然采光照度标准，采光的均匀性也比较好。太原南站使用到现在，主要的大空间白天几乎都不用开灯。另外，室内声学效果、地源热泵空调系统和冬季地板热辐射采暖的效果也很好，整体环境舒适度较高。

汪原：山西是煤炭大省，环境污染很厉害，空气中的粉尘问题较为突出。对于外来的建筑师尤其是境外的建筑师，往往因不熟悉地方上的情况而忽略了某些特殊的地域问题，而您却非常重视这个问题，在设计中采取了哪些技术措施？

李春舫：现在太原空气质量有明显改善，但前几年空气污染情况还是很严重的，特别是冬天采暖以后，空气中有很多黑灰。加上太原雨量偏少，这就意味着屋面采光顶需要经常清洗，不然达不到设计的采光要求。实际上设计时我们就考虑到这个因素，专门设置了屋面清洗系统，可以经常冲洗。太原冬季寒冷，为了防止冬天结冰屋面天沟排水不畅，我们还设计了屋面电伴热融雪系统。其实大环境的因素往往是我们设计的一个重要出发点，而这点经常会被忽视。

汪原：从目前来看，高铁站本身的利用率特别高，但是其与广场、周边的城市空间以及城市商业综合体的结合始终不理想，也就是说从与城市其他资源的整合来看，高铁站存在较大的问题。太原南站也不例外，广场和街道两边空荡荡的毫无人气，您觉得根本的症结是什么？

李春舫：可以说这是一个较为普遍的问题，这是一个铁路车站与城市相融合的问题。根本原因是地方城市总体规划与铁路交通枢纽的衔接存在不协调、不同步的情况。车站周边城市功能和设施能不能与车站形成互相补充与激活的关系，其实是城市资源的整合问题，这方面一直以来都没有得到很好的解决。铁路车站属于铁路总公司，站前广场及车站周边区域属于地方政府。"站城一体化"现在还没有普遍实现，为交通枢纽配套的公共设施能不能既为旅客使用又提供给市民？单一的使用功能在运营上都会存在经营难以持续的问题。国内外的成功案例值得我们借鉴：美国纽约中央车站（Grand Central Station）是世界上最大也是美国最繁忙的火车站，这个百年老站位于纽约曼哈顿中城，车站附近饭店、办公大楼及豪宅比比皆是，成为活力四射的城市中心。日本的京都火车站其实就是一个巨大的城市综合体。我国的香港九龙火车站与城市的高度融合也堪称完美。

希望铁道总公司和地方政府部门大力推进相关研究，拿出政策解决"画地为牢，各自为政"的痼疾，推进"站城一体化"进程。我们完成设计的杭州东站枢纽配套工程，就是一个由地方政府主导的"站城一体化"的成功案例。在城市总体规划时就定位杭州东站为城东新城的一个核心，站区内大规模的公共服务设施能被车站旅客与城市居民共享，综合商业开发成效显著，极大地完善了城市功能。我相信这种铁路车站与城市更紧密结合的关系未来会更加清晰。

四、希望与寄语

汪原：您从业30年，作为建筑师应该说赶上了改革开放后的黄金时代，您的设计实践也越来越成熟，从近年来您的作品频频获奖也充分印证了这一点。尽管我国建筑行业发展飞速，但问题也同样突出，您是如何看待中国目前的建筑设计行业的？

李春舫：我们现在要面对境外设计队伍对我们的冲击，同时客观上也存在对体制内建筑师的各种诱惑和压力，职业建筑师的发展空间受到一定的挑战。但不可否认的是，机会与挑战同在，挑战越大机会越多。中国目前建筑设计行业看上去很热闹，但我还是担心多了些浮躁，少了些从容。作为建筑师来讲，我个人的一点体会是要沉得下心来，承受得住寂寞，时常自我批评和反省一下，激发自己的创造力。建筑设计可以借鉴但不能搞拿来主义，要努力做出具有中国本土建筑思想的东西。在这一点上，我还是很佩服日本的建筑师群体。只有中国建筑师这个群体进步了，建筑设计行业才会进步，好作品才会越来越多。我总是有这样一个体验，每次都是满怀激情地做一个设计，回头来看却总觉得遗憾太多，然后自己会更加努力。其实我觉得能成为一个建筑匠人就挺好，穷其一生，能够完成三五个可以称之为作品的东西，就应该可以满足了。

汪原：中南院是一个大型的设计院，这样的体制下，大项目必须以团队的方式展开设计工作。您有没有考虑过选择一些较小的项目，把更为个人的思考甚至是情感付诸实施？

李春舫：实际上我特别希望做点小项目，放飞梦想。但是大院体制下，这有点难。其他类型的建筑不说，还谈车站。例如衡山站，6000平方米的小站，设计方案非常有特点，设计与建造过程可能并不算太完美，存在一些看似无关紧要的小问题，但大家都比较喜欢，其实我自己并不太满意。我想说的是，对这样的小项目，我们有更多的可能把它做到极致，实现高完成度。但是往往精力不够分配，本来应该是作品甚至是精品的，最后做出的可能只是产品。而规模大的站，比如郑州东站，站房长度从东到西超过500米，已经达到了一站地的长度。你只能解决大的方面、最核心的问题，可能会忽略小的细节问题。我认为小建筑，在很多方面对建筑师的综合素养要求更高。也许我应该完成几个其他类型的小项目。

汪原：建筑师是一个非常辛苦的职业，除了才情，还须坚守，您对年轻建筑师有什么希望和寄语吗？

李春舫：其实我特别羡慕现在的年轻人，一方面体力得到了解放，以前汪教授在设计院也经历过的，我们都是丁字尺、三角板、针管笔趴在那里画图，有时候还通宵达旦地画水粉渲染图。另一方面，现在进入了信息社会，年轻人获得知识的途径很多。但现在的年轻人很少能够沉下心来，而且在专业上特别容易满足而裹足不前。所以我需要制作严格流程来管理设计团队，尤其是方案创作方面，就是为了让年轻人养成一种好的工作习惯。

心在远方，便会坚守！以前曾经在电视上看过采访美国田径名将卡尔·刘易斯的片段，被问到他获得成功的秘诀，他的回答大意是这样：没有别的，就是把时间花在应该做的事情上，如果别人都像我这么刻苦，也可以获得这样的成功。也就是说成功没有什么诀窍，就是要把时间花在应该做的事情上。

汪原：感谢您百忙之中来接受访谈！也期待李总完成更多的优秀作品。

至诚至精，高铁速度迈向多元未来

——访中南建筑设计院股份有限公司总建筑师李春舫

Sincerity and Perfection,
High-Speed Railways Speed Towards a Diversified Future

AT：中南建筑设计院股份有限公司（以下简称中南院）自1952年创立以来，已经走过了六十多个年头，经历了我国城市建设的蓬勃发展时期，在建筑设计、城市规划、工程咨询、BIM设计咨询等众多方面取得了丰硕的成果。在交通建筑，尤其在高铁站设计方面成绩斐然，并屡获殊荣。中南院在铁路客站设计方面实践的总体情况如何？是如何在激烈的市场竞争中，始终保持自身的核心竞争力与领先水平？

李春舫：中南院紧跟中国铁路大发展的脚步，抓住了历史的机遇：从2005年起，中南院开始新一代铁路客站设计。从第一个中标实施的延安站开始，到第一个省会城市的枢纽站长沙南站，至今累计完成二百余座高铁站房的设计，其中包括三分之一以上的大型枢纽站房和半数左右的省会城市高铁站房，比如郑州东站、厦门北站、杭州东站、太原南站、西安北站、南昌西站、长沙南站等，占据国内高铁站房相当大的市场份额，在行业内产生了广泛影响。其中，郑州东站、厦门北站、杭州东站分别荣获第十三届、十四届、十五届詹天佑奖；厦门北站荣获国际桥梁与结构工程协会（FIDIC）"杰出结构奖"；杭州东站、太原南站分别荣获亚洲建筑师协会荣誉提名奖和香港建筑师学会两岸四地建筑设计论坛及大奖。这些荣誉为公司技术进步和创新发展起到了强劲的推动作用。中南院敢为人先，勇于创新，锐意进取，集中优势力量，研究当代旅客车站的发展趋势，借鉴国内外先进设计理念，注重技术创新，形成了优秀的设计团队。从铁路客站理论研究、绿色建筑技术、结构体系的创新与应用，以及设备专业技术的提升中，我们获得了充分的技术储备并形成了较大的优势。

另外中南院在机场建设方面也取得了不凡的成绩，先后承接了武汉天河机场T3航站楼等一批机场项目，并中标规模亚洲第一、全球第四的航空货运物流枢纽——顺丰机场项目。

AT：最近几年，我国高铁、公路、桥梁、港口、机场等基础设施建设快速推进，尤其是在高铁建设方面，可以说实现了历史性的跨越。在您看来，未来我国的高铁车站建设将有怎样的趋势？

李春舫：随着人们对出行要求的不断提高，未来我国的高铁车站必将走向智慧高铁、站城一体、绿色低碳和人性化的趋势。其中最值得关注的一点，便是"站城一体化"。"站城一体化"并不是什么新鲜事物，在欧美、日本甚至我国香港，这都是一种很自然的铁路交通枢纽的形态。与此相关联的TOD模式，即"以公共交通为导向的开发模式"，就是依赖于城市轨道交通，形成以铁路交通枢纽为中心的一体化开发建设模式。其总体思路就是：加强土地的混合使用和集约利用，实现交通优先条件下的城市功能聚合，提高各类基础设施的利用率，同时解决城市无限蔓延和交通拥堵的问题。

TOD模式下的"站城一体化"，使车站与城市的整体开发与建设有序进行，土地资源高效利用，实现"社会效益、经济效益、生态效益"的最大化。在这样的模式下，以铁路车站为核心的枢纽综合体，与城市之间将形成全新的关系，实现资源共享。我们完成设计的杭州东站及广场枢纽综合体，成为杭州城东新城的核心，可以说是我国"站城一体化"的初级样板。

AT：目前也出现了诸如铁路车站空间及其与周边城市空间缺乏联系等问题，在您看来，目前高铁车站设计方面存在哪些亟待解决的主要问题？中南院今后将在哪些方面进行深入研究，予以更多的关注？

李春舫：今年5月8日央视白岩松主持的"新闻1+1栏目"中"高铁很近，车站很远"就是一个非常有价值的话题，是亟待解决的重要问题，具有现实意义。节目中重点访谈内容是铁路车站与城市的关系不协调的问题。目前高铁建设在区域规划及核心区城市设计阶段没有充分调动交通、产业和空间资源要素，对枢纽站、高铁新城和新城产业规划没有很好地统筹考虑综合开发。

聚焦站房建设本身，我们亟待解决城站交通的有效分离与整合、探索多方位进出站流线模式、差异化候车模式、换乘便捷性、商业开发效益最优化、站内慢行系统的打造等问题。

中南院今后将更多参与高铁区域规划及核心区城市设计的研究工作，并关注高铁站房建设的空间优化创新、绿色生态、智慧服务等，使高铁枢纽站交通节点价值、高铁产业效益价值和城市功能价值发挥到最大水平，实现各方共赢、运行均衡、效益最优的发展格局。

目前，"绿色车站"技术集成和可持续发展策略的专项课题研究，我们也正在进行之中，并取得了初步成果。

一体化的交通建筑

——《城市建筑》"一体化的交通建筑"主体沙龙发言

Integrated Transport Architecture:
The Main Salon Speech of "Integrated Traffic Buildings" in *Urban Architecture*

交通建筑一体化的实现，需要在两个方面有所作为：一个是应充分考虑城市因素，与城市功能一体化的融合；另一个是解除交通建筑的使用界限对商业的制约。

关于一体化的交通建筑，我想从三个方面说说自己的看法。

第一，怎样认识一体化交通建筑。以铁路旅客车站为例，大部分传统的火车站作为单一的交通功能建筑，与城市会形成某种程度上的割裂。例如江苏盐城站，在地图上可以非常清晰地看到，火车站面对城市的一边就是城市中心，而铁路路基的另一侧就是郊区。这种现象不只出现在小城市中，大城市内也有这样的问题。例如老太原站，火车站对着城市主轴，而车站的背面却是农村。这种传统的火车站由于铁路路基和车场标高高出地面三五米，对城市空间形成割裂，影响了城市的发展。在过去的十多年间，中国的铁路建设发展很快，我们公司也完成了很多车站设计，其中规模大的我们称之为综合交通枢纽。从铁路车站本身来讲，它就应该是一体化的设计，例如多种交通的换乘，我们强调零换乘，尽量减少旅客的步行距离；从室内到室外的流线组织，局部交通的循环，我觉得基本上都达到了一体化的程度。可以说从过去传统的火车站到现在的交通枢纽，交通建筑实现了功能的转变、不同交通方式的换乘及为旅客提供综合服务。未来的交通建筑一体化还会达到怎样的程度呢？我觉得是"站城一体化"。因为不论是火车站、机场还是其他交通枢纽，不应仅满足交通这一单一功能，还应完善城市功能，促进城市发展，其大量的配套设施不仅为旅客服务，还应为城市居民服务。例如日本的京都站，作为一个庞然大物，它火车站的功能实际上只占10%左右，其余的都是城市综合体的功能。当然，这也与日本人的生活方式及工作方式密切相关。

上海虹桥交通枢纽是一个典型的一体化交通建筑，它囊括了航空、铁路、城市轨道交通及长途客运等，实现了交通的一体化，但是由于它的地块比较受局限（地块被快速的高架路包围），所以整个地块和城市中心区还是有一定的距离的，但它确实是一个高度交通一体化的交通枢纽。虹桥交通枢纽作为一个区域性的交通中心，有大量的人流聚集，有换乘和其他服务需求。

这就是我想要讲的第二个问题 —— 一体化交通建筑的形成需要具备什么条件？以我们中南建筑设计院股份有限公司设计的杭州东站为例，在设计杭州东站的同时我们实际上还设计了杭州东站的枢纽广场综合体，杭州东站的建筑面积是32万平方米，杭州东站枢纽广场综合体建面积是76万平方米，两者基本上是同时建成的，建筑面积一共是108万平方米。杭州东站能够成为一个一体化的交通枢纽也是有条件的：杭州东站位于杭州市城东新城的一个核心区内，车站作为核心，其周边是大量的居民区，而且交通特别便利，所以杭州东站枢纽广场综合体不仅为旅客提供服务，同时也为城市居民提供服务。广场枢纽的功能是对城市功能的完善，实现了"站城融合"。例如在这个广场枢纽内有写字楼、商务酒店、会议中心及旅游集散中心。就目前的运营情况来说，还是有一些亮点的。与其他的火车站经营不同，杭州东站的效益一直很好。以一个数据为例，每天在杭州东站地下车库停留的车辆为8000～10000辆，高峰时段甚至可以达到12000辆，这是一个非常惊人的数字，有车就有人，所以说交通建筑能够一体化，主要是与城市功能相融合，与城市的功能一体化，而不仅仅是交通一体化，交通一体化也只是一个先决条件。

我想谈的第三个问题，是一体化的交通建筑现在存在的问题，这其中主要是管理运营体系的问题。在铁路车站及周边开发建设的管理上，国家铁路和地方铁路、地方政府各自为政，各划一块地，各求一块利，行政管理上还没有实行一体化。所以在设计中我们虽然可以最大限度地把交通一体化，但在建设和运营方面的主权不一致，谁来投资配套服务设施往往不明确，如何实现车站与城市的融合，或者说交通建筑一体化以后产生的经济效益如何划分，都涉及体制和管理方面需要协调的问题。在运营方面，交通建筑应以方便旅客为目的，但事实上很多车站是以方便管理为主。例如，之前有个高铁车站项目，停车场的面积差不多有20万平方米，可以容纳公交、长途汽车及社会车。在初步设计里，我们已经将交通流线、设备系统、照明系统都做了相应的设计，可是实施运营的公司不止一家，每家公司都按照自己的管理模式将停车场用不锈钢栏杆进行围挡，致使停车场内部交通流线混乱，旅客出行不便，这是多头业主的矛盾，也是管理体系和运营体系的问题，是需要改革的。

在过去的十多年里，新一代铁路旅客车站整体水平得到全方位提升，在实现旅客便捷换乘方面做得还是比较好的。交通建筑一体化的实现，要面对的最大的两个问题：一是充分考虑城市因素，与城市功能一体化；另一个则是车站运营管理模式的革新。在大部分交通建筑中，商业布置在候车厅的高架夹层里，被实名制验票系统隔开，只能为候车旅客使用，制约了商业价值，现在很多大站里的夹层商业都是空置的，就是例子。而高铁带来了大量的客流，所以想真正把商业做好，就要实行一体化的商业模式。例如，旅客可以不在候车厅中候车，而是在咖啡厅休息或在书店看书，发车前旅客可以很快到达进站口。这其实并不难实施，只需要遵循以人为本、以旅客为本的原则，打破管理体系的壁垒，创新服务模式。当然，抛开管理体系的问题，建筑师还是可以有所作为的，例如对一体化的功能流线与空间的研究，以及车站与城市融合实现"站城一体化"的策略探索。

贰

／

理论研究与探索

中国铁路客站建设与发展历程

Construction and Development Course
of China's Railway Stations

一、从无到有

铁路是西方工业革命的产物。世界上最早的火车站于19世纪30年代在英国出现，即利物浦格劳恩车站，随后火车站出现在欧洲其他国家和美国。1888年，中国第一个铁路旅客车站在天津开始建设，是我国自办铁路的商埠站，即天津老龙头火车站。从19世纪末到20世纪初，我国为数不多的火车站主要由国外建筑师设计，车站规模小，功能简单，形式上主要采用西方古典主义风格，如京汉铁路汉口大智门火车站（图1）、京奉铁路北京正阳门东车站（图2）、东北的哈尔滨站和沈阳站。到20世纪40年代，由于中国建筑师的参与设计，也出现了中西合璧或中国传统建筑风格的火车站。

1949年新中国成立之后，百废待兴、只争朝夕，掀起了新中国第一代火车站的建设高潮，同时也开启了中国建筑师主导我国铁路客站设计的新时代。

北京站、广州站、长沙站等一大批铁路客站相继建成。这一时期的铁路客站，多采用线侧平式布局，即在铁路线路单侧布局的方式，设有开阔的站前广场供人流集散。这样的总体布局对整个城市规划的格局产生了决定性的影响：车站面向城市的一侧，逐渐发展为城市中心区，而被铁路站场隔开的另一侧发展缓慢，两者形成鲜明的对比。第一代火车站为单一的运送旅客及货物的功能，商业配套服务设施比较少，换乘公交及长途汽车也不方便；在建筑形式上则明显受到了苏联的影响，多采用严谨对称、水平展开的立面构图，追求庄严感和纪念性，同时也融入了中国传统建筑风格，是城市重要的标志性建筑，具有强烈的时代感。其中最具有代表性的是1959年建成的北京站，其内部空间、功能流线和建筑风格，都对我国铁路客站产生了深远的影响，是一个里程碑式的作品（图3）。

图1　京汉铁路汉口大智门火车站

图2　京奉铁路北京正阳门东车站

图3 北京站

二、从有到好

1980年起，中国的改革开放，促进了国民经济的大发展，迎来了我国铁路建设新的一轮高潮。这一时期是中国社会全面发展的黄金时代：思想的解放，对外交流与合作的广泛开展，开阔了我们的视野，全新的世界展现在我们眼前。我们开始学习和借鉴国外铁路客站的设计理念并结合中国实际，突破了以往的单一的线侧式站房模式，站房延伸到铁路站场的上方形成高架候车厅。1984年在上海东站原址新建的上海新客站（上海站），首次采用了高架候车厅的设计，成为站房功能和空间形态的突破。这样的变化其实是一个巨大的进步，一方面，车站建设利用了铁路站场的上部空间，节约了城市用地；另一方面，形成

更紧凑的车站功能和内部空间，有效地缩短了旅客步行距离。高架站房的出现，带来一系列新的可能性，最大的变化在于：可以在铁路站场两侧设置广场，形成旅客双向进站的功能，一定程度上化解了以往铁路分割城市空间的矛盾。由于候车空间不在铁路线侧，线侧空间得以释放，商业配套设施的增加，为旅客提供餐饮、购物、住宿及休息娱乐等服务，改善了车站对旅客的综合服务功能。这一时期的旅客车站，在选址和站区规划上与城市总体规划也有着更好的衔接和统筹。广场及周边开始出现出租车站、公交车站和长途汽车客运站，换乘功能得以提升。国民经济的持续改善、建筑技术的进步使车站建设水平和标准有了显著提升，体量更大、建筑形式更加新颖的铁路客站，也成为体现改革开放以来城市建设成就的形象标志。1991年，在老站原址罗湖口岸新建的深圳站，采用高架候车的站型，在线侧布置酒店、罗湖边检大楼及多种商业服务用房，并与车站形成整体，是我国铁路客站向城市综合体演变的雏形（图4）。

1996年建成开通运营的北京西站，是中国进入新世纪之前最重要的铁路客站，已具有即将到来的21世纪新一代铁路客站的基本特征（图5）。总的看来，北京西站具有如下几个特点：

（1）采用高架候车厅形成上进下出的旅客流线；

图4 深圳站

图5 北京西站

31

（2）将车站广场、地下空间及多种商业服务设施进行了统筹规划设计，线侧设置了规模宏大的配套用房，是比较早期的把铁路综合开发及商业服务引入车站的实例；

（3）地下引入地铁线（预留，位于车站中轴线），出租车也引入到地下空间，先行使用的北广场设有公交站，初步形成了系统化的旅客换乘系统；

（4）在建筑风格上，则借鉴了北京"城门楼"的形象，采用传统建筑形式，延续北京古城文脉；

（5）在人流高度聚集的进站广厅上方采用大玻璃顶棚，引入天然光线的同时增添了现代感。

三、高铁时代

进入21世纪，中国铁路建设进入到一个新的时代——高铁时代。新世纪之初，我国高速铁路建设以"客运专线"的名义进行，但中国的高铁时代已悄然拉开了历史帷幕。当时的铁道部对新一代铁路客站建设提出了"五性原则"：功能性、系统性、先进性、文化性、经济性，为新一代高铁车站建设指明了方向。高铁车站建设初期，大型站房方案设计主要由境外设计机构完成，国内设计院完成施工图设计，如上海南站、北京南站、广州南站、上海虹桥枢纽及武汉站。随着高铁建设的快速发展，铁道部进一步开放客站设计市场，打破了行业壁垒，中国建筑师走向前台，成为客站设计的主力军。如长沙南站、西安北站、郑州东站、杭州东站、南京南站、苏州站及厦门北站等大型城市站，皆由国内设计院独立赢得方案竞标并完成全部设计。新一代高铁车站，以交通整合、功能融合为目标进行城市设计，更加注重车站和城市的关系，引入了"站"与"城"相融合的理念。交通整合，使国铁和城市轨道交通、公共交通、长途客运、航空客运等在车站内实现便捷换乘，形成以铁路客站为中心的综合交通枢纽；功能融合，则把车站配套服务设施打造成与市民共享的城市综合体，甚至成为新的城市中心。2013年建成的杭州东站，位于杭州城东新城的核心，除车站之外的枢纽广场综合体面积达77万m²，设有星级宾馆、写字楼、商业中心、旅游服务中心等城市服务功能（图6）。杭州东站及枢纽广场一体化的建设，打破了以往的车站在城市中形成的"孤岛效应"，车站与城市高度融合成为极具活力的城市中心。城市轨道交通的引入，则是关键因素。

2010年上海虹桥交通枢纽在上海世博会之前竣工投入使用（图7）。虹桥综合交通枢纽与航空港一体化的紧密衔接，使其成为国际一流的现代化大型综合交通枢纽。虹桥综合交通枢纽是新世纪我国城市交通建设的一大创新，将航空、高速铁路、磁悬浮、地铁、公交、长途汽车等多种交通方式聚合在一起，成为长三角区域最重要的交通换乘中心，是一个超级交通综合体，这在国内是前所未有的，具有重要意义。

2015年以来，新一代铁路客站的设计开始发生质的变化。车站与城市协同发展的理念得到重视，"站城一体化""站城融合"的设计思想及TOD（以公共交通为导向的整体开发模式）理念几乎成为共识。在北京城市副中心通州站、雄安站，广州白云站，杭州西站等重要交通枢纽的方案设计中，都体现了"站城融合"的设计理念，试图打破车站与城市之间的"楚河汉界"，使车站成为城市的一个中心街区。2020年初步建成的重庆沙坪坝高铁上盖综合体，是一个集合交通与物业开发的复合枢纽，是成功采用TOD建设模式的案例。计划于2024年建成的"北京城市副中心站"，以多种轨道交通为导向，充分整合城市公共资源，在北京东部形成新的城市中心，也是我国"站城一体化"和TOD实践的样本。

"站城一体化"及TOD概念，并不是当今出现的新理念。早在百年前的美国，如纽约中央车站，和城

图6 杭州东站

图7 上海虹桥枢纽

市商业中心浑然一体，和城市高度融合，成为繁华的城市中心区的标志。以公共交通为导向进行交通规划，整合城市资源，促进城市更新，是过去50年日本城市建设的显著特征，其成熟的TOD开发建设模式是根本保障。日本在铁路和地铁建设过程中，充分考虑城市更新与发展的内在需求，构建以站点为中心、功能高度复合的"都市集合体"，提供高效、便捷、舒适的一体化服务，几乎形成了整体开发的定式：轨道建设与城市规划为一张蓝图，协同开发，车站是城市综合体的一个很自然的组成部分。我国香港和新加坡的TOD案例也值得我们借鉴。

我国铁路客站的演化发展有其自身的规律，受社会经济发展的驱动，同时也受到社会体制的约束。土地与资本、国家铁路与地方政府、业主与开发商等多方面的关系有待厘清，只有实现多方利益的平衡和最大化，以铁路交通枢纽为核心的TOD模式才有实现的可能，我们才能真正迈向一个"站城一体化"的新时代。

四、面向未来

进入21世纪之后，在新的时代背景下，中国铁路客站持续地发生着显著变化。

1. 车站功能从"单一型"向"复合型"转化

我国20世纪80年代以前建成的铁路客站，由于设计理念、经济条件、建筑技术等多方面的原因，局限于单一的铁路运输功能。人们印象中的火车站，交通可达性差，换乘不方便，商业配套服务设施业态单一不成体系，特别是车站整体环境的脏、乱、差成为城市的痛点，这其实是车站在城市中形成的"孤岛效应"。进入车站内部，人流如织是第一印象，旅客候

车模式单一、活动空间空间逼仄、封闭的候车厅人满为患成为常态，难以产生良好的旅客体验。

进入21世纪以来，我国新一代铁路客站强化和提升了功能性，成为集国家铁路、城市轨道交通、公共交通、长途汽车等为一体的综合交通枢纽，其中与城市轨道交通系统（地铁、轻轨、磁悬浮、机场专线）的关系尤为密切。铁路车站不再仅仅是铁路运输的终端，而是作为整个城市甚至整个区域的交通换乘中心，因此换乘流线往往成为功能组织的核心。车站配套商业服务设施与城市公共服务设施一体化，能为旅客提供更好的服务，同时产生更好的经济效应，这是站房功能向"复合型"转化的基本逻辑和内在动力。也正是基于这样的转变，铁路客站与城市总体规划的关系发生了积极的改变：总体规划更加合理，以往普遍存在的车站割裂城市空间的问题得到化解，车站与城市公共交通体系进行了更好的衔接，以铁路客站为核心的车站区域演变成集交通功能与旅游、商业服务、金融、商贸等多种功能为一体的城市综合体。铁路客站与城市进行功能整合、整体开发与建设，实现社会效益、经济效益、生态效益最大化和最优化，"站城一体化"成为现实。

2. 旅客流线从"等候式"向"通过式"过渡

我国传统铁路客站，旅客流线以"等候式"候车为主。由于车次密度较小，城市公共交通配套不够完备，旅客通常提前较长时间到达车站，在候车室等待检票进站。现在国家铁路建设发展迅速，尤其是高速铁路的蓬勃发展，铁路列车编组短、到发车次密，通勤化与公交化的特点在城际高铁建设快速发展之后将会体现出来。此外，城市轨道交通保障了换乘时间可控，旅客进站可随到随走，在候车厅停留时间大幅缩短，旅客流线向"通过式"转变的条件已基本具备。

旅客流线和候车模式的变化，需要我们对客站空间设计进行全新的思考，满足旅客快速流动、"快进快出"的需求。

3．运营模式从"管理型"向"服务型"转变

相对于日本及欧美国家的开放式管理和一体化服务，我国铁路客站的运营管理有所不同，至今仍然停留在"以对旅客进行疏导和强制性管理为主"的模式。对旅客进行管理和提供服务一直是铁路客站运营的重点，关键在于能否从旅客需求出发，以旅客为本，提供高效优质的多元化服务。铁路车站管理模式已经延续几十年，到了必须革新的时候了。一体化、专业化、市场化的管理与运营势在必行。现在实行的多头管理质量差、效率不高，是因为责任、义务、利益的关系还没有完全厘清。车站方面受到人员编制的

制约，往往以方便管理为出发点，而不是以为旅客提供优质服务为出发点。促进车站管理运营方式的进步，强调为旅客提供更好的服务为宗旨，还需要铁路部门与地方政府紧密协作，革新运营模式，打破长久以来形成的铁路车站与城市之间的"楚河汉界"。

4．旅客体验从"便捷"到"舒适"的升级

中国GDP总量已居世界第二位。随着社会的发展、经济水平的提高，旅客对出行的要求也发生着变化，旅客体验预期在"准时、便捷"基础上向"绿色、智能、舒适"升级，中国铁路建设的高质量发展见证了这样的历史。以人为本的发展理念和现代建筑技术，为我们提供了这样的可能性：新技术、新材料、新设备的广泛应用，车站室内外环境品质得到明显提升，打造出全寿命周期的绿色车站、健康客站、智能车站。

当代铁路客站建筑创作与实践[1]

The Creation and Practice of Contemporary
Railway Stations

一、国外铁路客站案例分析

图1 美国纽约中央火车站　　　　　　　图2 日本新京都站

纽约中央火车站，位于美国曼哈顿中心，始建于1903年，1913年2月2日正式启用（图1）。纽约中央火车站是世界上最大的火车站之一，也是美国最繁忙的火车站，地下设有2层铁路车场，拥有44个站台，同时它还是纽约铁路与地铁的换乘中心。这是一个完全开放的交通枢纽，是一个极具吸引力的城市综合体，车站内设有快餐店、书店、名牌商店、超市等，服务设施齐全。作为纽约著名的地标性建筑，纽约中央火车站也是一座公共艺术馆。

1997年建成的日本京都火车站，总建筑面积约23.7万m²，其中火车站部分面积约占10%（图2）。京都火车站是一个城市综合体，城市服务功能完善，其中包括酒店、购物中心、电影院、博物馆、展览厅，甚至还有地区政府的办事处；同时也是一个主题公园，拥有美国购物中心式的共享中庭、开放的公共空间和屋顶花园。京都站已经不是一个纯粹的火车站，它是城市的大型开敞式露天舞台、大型活动的聚会中心、古城全景的观赏点，是铁路线上方的空中之城，当然这里也是日本大都市圈的重要交通枢纽，拥有平均8分钟的发车间隔时间，每年超过4000万人次的旅客流量。

2018年9月建成开通的香港西九龙站，为广深港高速铁路香港段南端的终点站，通过深圳连接内地高速铁路网，每天发送旅客超过十万人（图3）。乘客大厅和车站站台设于地下，充分释放了地面空间。车站广场为市民提供了一个新的城市公共空间，市民

---

1 原文发表于《建筑技艺》2018年第9期，原名为"当代铁路综合交通枢纽建筑创作与实践"，本篇略有修改。

图3　香港西九龙站

可通过坡道到达车站屋顶，饱览港湾风光。车站周边即城市街区，高密度布置着酒店、办公、公寓及大量商业服务设施，车站与城市高度融合。

通过以上典型案例分析，对比21世纪以来我国内地高铁枢纽站的建设情况，我们可以清晰地认识到两者之间的差异性，也许我们应该从全新的角度来认识当代铁路客站，重新定位客站和城市的关系。

二、铁路客站（综合交通枢纽）的主要特征

1. 与城市同步协同发展

要成为铁路综合枢纽的大型铁路客站，其规划设计应有系统性，一方面要求车站与城市交通系统的全面整合，形成完整的系统性交通网络；另一方面，在交通引领城市发展的趋势下，以铁路综合枢纽为中心，整合资源形成城市发展的新动力。在资源高度聚集的前提下，车站与城市的高度融合与协同发展，成为必然的选择。因此，铁路综合交通枢纽的总体规划，应尽早纳入城市总体规划，避免顾此失彼。

2. 换乘效率优先

新一代铁路客站，是集铁路、城市轨道交通、城市公交、长途汽车等为一体的交通综合体，其中与城市轨道交通系统（地铁、轻轨、磁悬浮）的关系尤为密切。参照国内外实例，城市轨道交通将承载60%以上的旅客流量。因此，枢纽站房除候车与出站空间外，还需提供大量的旅客换乘空间及服务设施，形成便捷的进出站流线，避免迂回与交叉，减少步行距离，提高换乘效率，才能成为高效率高品质的综合交通枢纽。

3. 全方位的服务升级

铁路综合交通枢纽强调系统性地对旅客进行人性化服务，包括提供餐饮、购物、娱乐休闲、旅游服务等设施，并使其进入客站内部空间。在我国新一代铁路综合交通枢纽中，以往封闭的候车室或候车厅的概念在弱化，候车及商业服务一体化的大空间得以广泛采用。最为重要的是，必须清除国家铁路（交通部）与城市（地方政府）之间长期以来形成的行政上和运

营管理的藩篱，将城市功能及服务设施与车站融合，实现资源共享，更有效地提供全方位的高品质服务。

三、铁路客站设计原则

1. 畅通、融合——以人为本的交通流线和综合服务功能

满足旅客的使用需求，其核心设计理念是如何让旅客便捷地进出站，并在此基础上提高旅客的舒适度，改善旅客出行体验。这也是交通建筑普遍性的功能要求。车站和城市交通体系的无缝衔接是组织外部交通的关键因素；围绕旅客进站、出站、换乘的活动规律，合理组织步行流线，缩短步行距离，成为站房平面设计与空间组织的根本出发点。"机场化"的"上进下出"功能模式，被广泛应用于铁路客站，并逐步演变为多方位、立体分层的旅客流线，更便捷、更舒适。

铁路枢纽站房设计的系统性最重要的一方面，则是枢纽站房与城市交通系统的全面整合。枢纽站房与城市轨道交通、机场、长途汽车站、公交车站、出租车站等有机结合，形成完整的系统网络。这样的结果就是：终结传统火车站"铁路运输终端"的模式，大型铁路站房将成为以铁路客运为主体、多种交通方式相衔接、换乘便捷的城市综合交通枢纽。交通工具的换乘成为铁路枢纽站设计的一个重要内容。所谓的"零换乘"，即旅客通过最短的步行距离、最少的时间来完成进站或出站过程。铁路枢纽站房与城市交通体系的衔接和整合必须通过城市交通规划来实现。在此基础上实现功能的融合：车站转变为复合功能，由"城市孤岛"演变为一个城市街区。在当代铁路交通枢纽总体规划和城市设计中，实现"站城融合"是发展方向。

2. 绿色、温馨——绿色健康车站使旅客获得更舒适的体验

绿色车站是发展趋势，节能减排任重道远。同时，绿色建筑技术的广泛应用，会显著地提高车站室内外环境品质，加上车站全方位服务管理水平的提升，将使旅客获得更好的出行体验。

3. 经济、艺术——在注重经济性的条件下表达城市重要公共建筑的艺术性和地域特色

当代铁路交通枢纽具有高效、便捷的特点，它不同于位于城市中心之外的另一类交通建筑——机场航站楼。大部分铁路枢纽站接近城市的中心区或位于新城区与老城区之间，与城市的关系更为密切。这使得铁路枢纽成为城市的重要"门户"，具有突出的可识别性，体现一个城市的风貌和形象，唤醒人们对城市的记忆。此外，我国地域辽阔，民族众多，自然环境与文化环境在不同地域具有明显的差异性，在枢纽站房设计中宜强调对不同地域文化特征的表达。

控制建设车站建设成本和运营费用，现代建筑技术为我们提供了这种可能性。如通过BIM技术应用，实现精细化设计，控制建设成本；采用绿色建筑技术达到节能减排、有效降低运营能耗的目的。

4. 智能、便捷——广泛应用先进技术，实现可持续发展

信息技术的发展将产生全方位的影响和改变，这种改变将涵盖社会经济发展和人们生活的多个方面。新的历史时期，铁路站房设计的定位和内涵发生了巨大变化：面向未来，强调客站设计的前瞻性，应用先进信息技术，为车站进行智能化的运营管理，便捷畅

通的流线和高效率换乘将成为旅客常态化的出行体验。

四、建筑创作与实践案例

1. 长沙南站

"武广客运专线"是中国第一条长度超过1000km的高速铁路干线，设计时速350km/h。长沙南站是2005年我和团队通过国际竞标拿到设计权的省会城市铁路综合交通枢纽，也是中国建筑师原创设计的第一个省会城市高速铁路客站。长沙南站是武广高铁和沪昆高铁成十字交汇的区域性枢纽站，先期建设武广线，后期建成沪昆线，车站分期实施，共设有11个站台，全部建成后总建筑面积达到27.8万m²。第一期工程于2009年10月建成并投入使用，全部工程于2014年12月竣工。

长沙南站是一个高架站。落客平台标高定在站台层，在站台层形成进站广厅，广厅与高架候车厅同属一个大空间，通过自动扶梯和楼梯相贯通，是功能流线上的一次创新（同期建设的武汉站、广州南站、北京南站等，落客平台都设在高架候车厅层）。站房屋面自然延伸出来覆盖落客平台，形成挡风遮雨的半室外空间，使旅客获得良好的空间感受和对车站的第一

印象。长沙南站采用"线侧"进站、"高架"候车的功能流线，体现"效率第一"的原则。站房设计充分考虑旅客进站、出站、换乘、候车等活动规律，合理组织站内外各类交通流线，使旅客在车站内的活动以最小的步行距离、最短的时间来进行。长沙南站与城市轨道交通（地铁及磁悬浮机场快线）的无缝衔接，提供了便捷的换乘。

西侧湘江和东侧浏阳河自然形成长沙市主城区范围。长沙作为一个创建中的国家山水园林城市，凸显了"山水洲城"的地域特征。方案投标踏勘现场时，我脑海里就产生一个朦胧的思路：站房体量庞大，离浏阳河距离只有四百余米，应该柔和一些才能和环境相协调，这奠定了后来建筑形态的基调。建成后的长沙南站，具有灵动柔和的外观特征，呼应山与水的波形曲线，凸显建筑形式与内部空间的主题——"山与水的交响"（图4、图5）。

在与地域环境相融合的同时，长沙南站更表现出建筑形式与使用功能、内部空间与结构形式的完美融合："树"一样生长的结构体系，为建筑空间的自由发展提供了可能性（图6、图7）。长沙南站在工程实施过程中，是分三期完成的。由于结构体系的可生长属性，第二期及第三期的实施过程既没有影响车站的

图4　长沙南站鸟瞰图

图5　长沙南站鸟瞰图

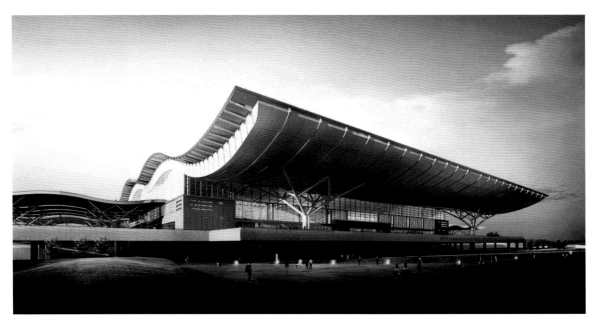

图6 长沙南站正面渲染图

图7 长沙南站正面渲染图

正常使用，也能够很自然地形成整体，完全没有分期实施产生的痕迹。在使用功能与形式、建筑与环境、浪漫与理性之间，长沙南站对新一代铁路综合交通枢纽重新进行了诠释。

2. 郑州东站

郑州东站是新建石武（石家庄—武汉）客运专线和徐兰（徐州—兰州）客运专线十字交汇的枢纽站，

是京广高铁线上规模最大的枢纽站，汇集多种交通形式的换乘，成为一个车流、人流高度聚集的交通综合体，是我国规模最大的综合交通枢纽之一。郑州东站位于郑州市东侧的郑东新区，为郑州东大门。郑州东站共设站台16座，站房高峰小时旅客发送量9400人，车站总建筑面积41.5万m²。郑州东站于2012年9月建成并投入使用。

郑州东站为全高架站场，站场下部空间得到充分利用。东西广场在地面层贯通，除出站空间及配套商业服务设施外，站场下部南北两侧形成各类车辆的停车场，便于旅客进行零距离换乘。旅客流线采用上进下出的模式，将车站与地铁、公交车、出租车、长途汽车及社会车的接驳与换乘作为流线设计的关键点，有效地减少了旅客的步行距离。对于特大规模的交通枢纽，交通是最重要的因素。我们通过一年多时间的交通专项设计研究及论证，把交通枢纽纳入到整个城市的交通体系之中，进行全面整合：进站车流通过总长度6.5km的4条高架匝道与城市快速路网直接接驳，实现快进快出的同时与地面车流完全分离；对于原有城市快速干道（107辅道），则采用下穿方式通过，避免对站区地面交通的影响。

郑州东站为国内少有的铁路干线成"米"字形交汇的特大型交通枢纽，东西线与南北线的换乘汇集在这里，需要大量的换乘空间。此外，乘地铁、公交车、长途汽车的旅客也需要快速进站。为此我们在站房邻东西广场一侧，共设置四个专用换乘交通大厅，使旅客直达站台层或高架候车厅。我们在郑州东站中

第一次提出"专用换乘厅"概念，把旅客换乘流线和空间作为一个关键的设计要素。

大型交通枢纽是一个城市的门户，体现城市的气质和形象，一个有鲜明特点的交通枢纽能引起人们对城市的记忆，而富有历史文化内涵和地域特色的车站形象往往成为城市发展的标志。

郑州历史悠久，人杰地灵，是中华民族的发祥地之一，孕育了极其辉煌灿烂的文化。享誉世界的商文明就是从这里起步的，因此，郑州被公认为中国"八大古都"之一。郑州东站建筑形态正是对中原文化"沉稳、厚重、大气"的精神特质的表达。在"城市之门"中隐喻了青铜器——鼎的形象，整个造型犹如一座抽象雕塑，厚重沉稳，浑然一体，具有鲜明的中原文化特征（图8）。

郑州东站采用了全新的"桥建合一"的结构形式，即把位于铁路桥之上的站房结构与铁路桥结构合二为一，大大减少了传统的大尺度铁路桥墩对线下空间的影响，形成开敞的出站空间（图9）。"桥建合一"的结构，不仅改善了空间使用效果，而且大大减少了

图8 郑州东站渲染图

图9　郑州东站渲染图

工程投资，节约工程造价约9千万元人民币，产生了良好的经济效益。"污水源热泵系统"的应用，是郑州东站的另一个技术亮点。站房空调冷热源采用再生水源热泵机组，该机组冬季从再生水吸收热量，夏季将热量释放给再生水，通过热泵机组能量提升后向建筑物供热供冷，是一种高效节能、环保无污染的新型空调系统。再生水来自站房附近的王新庄污水处理厂。

3. 太原南站

太原南站是石太铁路客运专线上最重要的枢纽站之一，是一座集铁路、城市轨道、交通换乘功能于一体的现代化大型交通枢纽。车站位于太原市东南的小店区，距离太原市中心约8km，距离太原机场约4.2km。地处高新区、经济区及武宿物流区三大经济园区的交叉辐射核心地段，是城市向南发展的标志性建筑（图10）。太原南站车场规模为10台22线，最高聚集人数为5000人。总建筑面积为18.3万m²。太原南站于2014年6月竣工并投入使用。

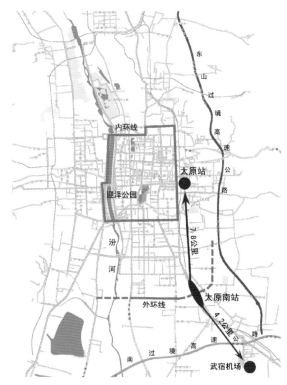

图10　太原南站区位图

当代中国的城市化进程，往往是与文化传统和地域特色割裂的过程，我们试图通过太原南站，对这种"割裂"进行"缝补"，在城市更新与发展的过程中，传承历史文脉，体现地域特色。中国现存最完整的唐朝木构建筑，八成以上集中在山西省太原市周边地区，中国木构建筑中灿烂辉煌的篇章——"唐风建筑"在这里得以保存。太原南站汲取唐朝宫殿斗栱及飞檐的形象特征——通过现代结构体系表达传统建筑形式之美，使人感受到中国传统空间的华丽与典雅。仿青砖玻璃石材双层组合幕墙，使人们联想到山西传统民居中的建筑细节，亲切而自然，体现了"晋韵"之美。独特的双层石材幕墙构造，在保证墙面厚重感的前提下，巧妙地解决了建筑采光与遮阳的问题；同时，相互交错的玻璃、石材组合墙面为进站、候车、休息等空间带来了美轮美奂的光影效果。太原南站将"唐风晋韵"的历史文脉与当代先进建筑技术巧妙结合，是国内少有的、典型的钢结构单元体大空间铁路交通枢纽，通过现代建筑向传统文化的致敬，体现我们的人文情怀。

（1）概念方案阶段

在投标方案的规划设计条件中，太原市"南中环路"从车站地下穿过，且与铁路站场成约60°斜交。为顺应这个特殊的设计条件，我们采用平行四边形的平面柱网，使车站结构和地下"南中环路"的结构体系合二为一；为了避免斜交柱网影响车站空间感受，我提出了单元体结构形式，来化解产生的不规则感（图11）。

（2）实施方案阶段

为了更好地建设太原南站，太原市对城市规划进行了重大调整，其中"南中环路"北移，完全避开了太原南站。这是设计条件的重大变化，我们原来采用单元体的理由似乎不太充分了。但我还是固执地坚持，我希望实现这个由单元体形成大空间的原始构想，通过现代结构体系来表达传统建筑意象。方案虽然夺得竞标第一名，但得到地方政府的认可也经历了一个曲折的过程。在实施方案过程中，我们带领设计团队，

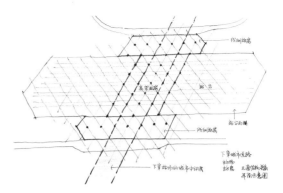

图11　太原南站方案设计草图

对太原及周边历史建筑古迹进行考察和研究之后，进一步厘清了设计思路，坚定了延续城市历史文脉、表达地域气候及人文特色的理念，强调汲取地方传统建筑的精髓，通过细节重现来表达新时代的"唐风晋韵"。

空间、结构、形式互为因果的一体化逻辑，是太原南站设计的显著特点。建筑形态与结构形式、建筑空间三者完美融合，充分体现了结构的真实性及合理性。太原南站主站房采用独树一帜的单元结构体系，结合天然采光、自然通风的构造，形成建筑单元体，通过单元体形成大空间，这与中国传统宫殿以"间"为单位形成整体空间有异曲同工之妙。

单个结构单元体尺度达到43m×36m，覆盖面积1548m^2，单元体的大部分结构构件可预先加工、现场安装，方便施工，提高施工效率，缩短建设工期。在这里，建筑师对结构体系的认知与把握是关键因素。单元体结构带来了空间延伸、发展与变化的可能性。在车站施工过程中，因"大西客运专线"的引入，引起了车站平面及空间的变化，我们通过增加两排单元体很自然地解决了这一个问题（图12）。

2006年我们开始设计太原南站的时候，我国绿色建筑尚无标准可依。我们前瞻性地采用被动式节能技术，基本达到十多年后国家绿色建筑三星级标准。设计综合运用建筑体量自遮阳、可调节自然采光、热压自然通风等被动式节能措施，同时也采用了地源热

图12　第一轮投标方案效果图

泵及地板热辐射采暖等清洁能源技术。大量绿色建筑技术的应用，使太原南站这座全新的交通枢纽成为一个具有示范效应的绿色生态型客站。①建筑自遮阳：太原南站东西向立面作为建筑的主要出入口，由于东西晒的影响，对建筑内部热环境不利。设计结合建筑造型和结构单元布局，在东西向分别增加一排结构单元，从设计上不仅创造了过渡的城市"灰空间"，同时在东西向形成了自然的自遮阳体量（图13）。②天然采光设计：太原南站主站房体量巨大，仅仅利用立面玻璃幕墙的采光难以满足大进深室内空间的采光需

图13　第一轮投标方案效果图

要。设计结合结构单元体的布局,在每个单元体的屋顶设置了"X"形的半透明高强聚碳酸酯采光天窗,可将直射阳光过滤为均匀柔和的室内光线,从而大大降低了白天室内的采光能耗(图14、图15)。同时,利用DIALUX软件进行自然采光的电脑模拟,经过模拟太原当地冬至日日照情况,计算出晴天正午时分室内平均照度为660lx,阴天或傍晚室内平均照度为300lx。因此,在白天,以上区域大空间可不用开启大部分的照明灯具,只需对室内夹层下部等区域根据需要开启部分灯具。③自然通风体系:在太原南站的设计中,根据太原地区的气候特征和周围环境状况,采用CFD软件对建筑在环境中的通风效果进行了模拟。从模拟的结果来看,建筑在整体风环境中的效果较好,建筑前后形成了明显的风压,对于建筑内的自然通风非常有利。④围护结构节能体系:太原南站外围护体系采用新颖的双层中空玻璃石材组合幕墙。独特的幕墙体系大大增强了建筑表皮的热惰性,保证了室温的稳定,这在冬季寒冷的太原地区非常有利于降低车站运行的能耗。

4. 杭州东站

杭州东站处于"沪杭、浙赣、宣杭、萧甬"四条铁路干线的交汇处,也是中国最大的综合交通枢纽之一。车站拥有国铁车场15台30线,并预留磁悬浮车场3台4线。杭州东站总建筑面积32万m²,日均旅客流量达15万人次,高峰小时聚集人数15000人。杭州东站是汇集国铁、轨道交通、公交、长途、磁悬浮、机场专线等多种交通方式于一体的特大型交通枢纽。特别值得注意的是:杭州东站是杭州的东大门,与上海虹桥枢纽高铁车程仅为45分钟,是形成杭州与上海"同城效应"的关键因素。

2008年开始杭州东站设计的时候,是我设计新一代铁路客站的第五个年头,开始有了一些车站与城市关系的整体性的思考。这与2007年我到日本旅游参观了几个火车站有关。我感受到日本火车站与城市的关系是非常密切的,而且换乘非常方便,综合服务功能完善,这和我们国内完全不同。尤其是参观日本建筑师原广司设计的日本京都站后,我深受触动也有了一些启示:原来客站还可以当作城市综合体来设计。这次日本旅行考察,打开了我的眼界,我开始审视铁路客站与城市的关系问题。

对杭州城市发展规划确定的杭州东站的定位,我们有了新的理解,不再局限于一个铁路交通枢纽的概念,这在当时是设计理念的进步。杭州东站不仅是大

图14　太原南站进站广厅

图15　太原南站候车大厅

型交通枢纽，同时也是杭州城市副中心"城东新城"的核心。我们的设计创新从总体规划着手，放开思路，力图站在城市设计的高度，充分整合城市资源，重新定义车站和城市的关系：打破传统车站"封闭、割裂、单一功能"的模式，实现"开放、融合、复合功能"的转变。我们同时完成了杭州东站和东站枢纽广场综合体两个项目（杭州东站属于国家铁路局，东站枢纽广场综合体属于杭州市政府）的一体化设计，充分协调了错综复杂的各种关系。最后完成了地上、地下总计建筑面积108万m²的"超级城市综合体"全部设计工作（图16）。建成后经过几年的经营，已经成为杭州城东新区极具活力的城市中心，可以称得上是我国TOD模式的铁路综合交通枢纽初级样板。现在回想起来，作为建筑师，我们也是幸运的，因为我们得到了具有远见卓识的杭州市政府的大力支持。

杭州东站站房设计在很多方面都是开创性的探索：杭州东站是目前国内唯一对高架落客平台进行四面全覆盖的车站，为进站及换乘旅客提供了全天候的半室外空间，也是对冬冷夏热、多雨的江南地域气候条件的积极响应；杭州东站采用国内领先的"站桥合一"结构体系和大跨度结构减振技术、结构安全检测技术，实现结构安全，节省造价；在站房直立锁边的金属屋面上直接铺设7.9万m²光伏太阳能板，该光伏发电系统设计容量为10MWp，为城市提供清洁能源；广泛采用被动式节能技术，重视自然通风、采光与遮阳；室内装饰注重声学设计，降噪并提高广播系统的语音清晰度；在全面提升车站环境舒适度的同时，实现节能环保目标，打造绿色车站（图17、图18）。

杭州东站是一个面向未来的设计，从建筑形态到结构形式再到内部空间都呈现出前所未有的特质。新一代交通枢纽，简洁明了的空间形态通过大跨度结构体系来实现。极富动感的造型，表达出交通建筑的速

图16　杭州东站核心区总体规划模型

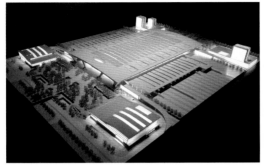
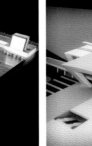

图17　杭州东站模型

图18　杭州东站剖视图

度与力量，成为杭州城东新城的核心和最重要的标志性建筑（图19、图20）。这样一个"标新立异"的设计，完全颠覆和打破了以往的铁路客站模式，实际上是我们设计团队的一次冒险式的创新和自我突破。之所以能最后实施，也得益于杭州市政府的高度认可和大力支持。

杭州东站无缝双曲面外表皮系统是一个关键性的技术难题，相关专项研究持续了近一年时间，在现场制作了十多个实体模型，对各种材料及施工工艺经过综合比较，最终采用了不锈钢蒙皮的技术方案。虽然

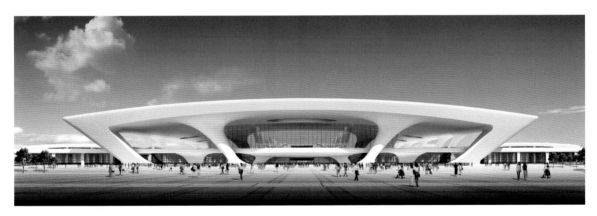

图19　杭州东站人视图

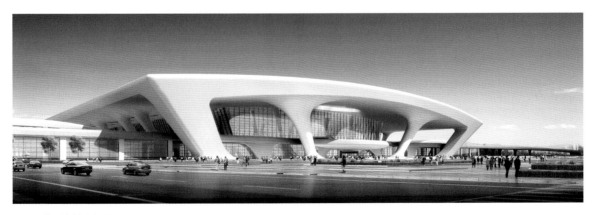

图20　杭州东站人视图

施工时间紧，但还是基本上达到了预期效果。

我主持设计铁路客站，一直坚持我们团队自己完成室内设计的实施方案和初步设计。杭州东站也不例外。建筑空间与结构形式浑然一体，摒弃多余的装饰，体现未来感和科技感。杭州东站的室内设计延伸至室外，包括环绕候车大厅的半室外空间，因为旅客的体验是从落客平台开始的。

五、结语

中国高速铁路的迅猛发展给建筑师提供了大舞台。我们在设计实践过程中不断进行总结和反思，希望能够有所作为。从功能流线到建筑空间，从建筑技术到建筑艺术，设计的最终目的是为旅客带来更好的出行体验。现在，摆在我们面前的问题，还是铁路客站与城市如何更好地融合、车站与城市如何协调发展的问题。这不是一个简单的设计问题，而是一个发展理念能否跟上新时代的问题。建筑师的作用和影响力是有限的，但我们的社会责任是无限的，"路漫漫其修远兮，吾将上下而求索"。

铁路客运站房室内空间设计初探

Interior Design of Railway Station

21世纪以来，中国铁路建设迎来跨越式发展。高铁网络的日趋完善，列车运行速度的不断提升，使铁路站房的内涵发生着显著变化。随着城市交通系统的不断发展和完善，铁路站房由过去单一的铁路客运站逐步演变为集铁路、城市轨道交通、城市公交、长途汽车等为一体的"综合交通枢纽"；传统的"等候式车站"正在向"通过式车站"演变。站房形式的变化带来了站房室内空间的变化：候车空间一体化，更加强调换乘空间，旅客流线与空间组合方式的"机场化"，等等。

总之，影响铁路车站的各种因素发生了巨大变化，新的建筑技术和信息技术被广泛运用于站房建筑中，产生了多样化的建筑形式和内部空间形态。随着"以人为本"理念的不断强化，建筑师的注意力必然会从车站外观造型，转移到站房空间，在设计中更多地关注旅客在室内的活动规律，注重内部空间的塑造，为旅客提供舒适方便的室内环境。室内空间的表现将成为建筑师、结构工程师甚至是机电工程师真正的舞台。

一、铁路客站室内空间特征

铁路客站作为大量旅客汇集的一个场所，其交通功能是第一要素。应将旅客的行为模式和体验作为设计的重要因素，客站内部空间设计体现"以人为本"的设计思想。

1. 方位感和易识别性

在老一代铁路客站中，客流拥挤的现象几乎贯穿在旅客进出站流线的始终。从环境心理学角度分析，"拥挤"是一种消极的、不愉快的状态，容易使人产生焦虑或紧张情绪。为了使站内旅客能迅速聚集和疏散，站房内部空间明确的方位感和易识别性是必要条件。环境的易识别性主要是指人对所处环境形成认知地图或心理表征的容易程度，在站房室内主要体现在进、出站流线所在的空间。

长沙南站站房波浪起伏般的巨大屋顶，是与长沙这座"山水洲城"独特环境的共生，同时屋顶曲线走向与旅客流线一致，将人流从入口平台自然地引领到进站广厅、基本站台候车厅、高架候车厅等公共空间，交通流线方向非常明确（图1）。襄阳东站从进站广厅到高架候车厅，室内空间由低到高，顶棚通过有韵律的单向条形天花板和光带的设置，强化了空间的视觉引导，使得旅客进入站房后可清晰地识别进站流线和行进方向（图2）。

空间环境的易识别性要求空间开敞通透，尽量减少视觉障碍，使旅客能随时把握整体空间。因此以玻璃或低矮灵活的隔断划分不同区域，能使旅客获得清晰的方位感。进站广厅是站房室内空间的重要部分，大量旅客进入广厅后必须尽快疏解。除了依赖于旅客

注：本文成稿于2007年10月，收录于《2009中国铁路客站技术国际交流会论文集》，获2008年湖北省土木建筑学会第十一届自然科学优秀学术论文一等奖。本篇略有修改。

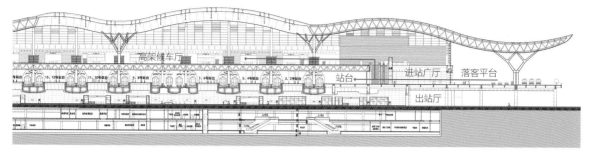

图1 长沙南站剖面图：空间与旅客流线

引导系统外，室内空间本身的明确可读是设计的关键（图3、图4）。

2. 空间的多样性

（1）商业服务空间

新一代的铁路客站，大多位于城市的中心区，与城市其他交通服务设施的关系密切。车站作为一个大规模的城市资源应被充分利用，而不仅仅是旅客暂时出行的场所。车站由强调对旅客进行行为管理转化为向旅客提供服务，站房内的商业空间可提供餐饮、金融、商务、娱乐、购物等多种服务。这一点，国外火车站具有一定的借鉴意义。

日本京都火车站就是一个能提供多种服务的城市综合体，一个城市客厅，强调了市民的参与共享，不仅满足旅客在候车期间的需求，更能为城市居民甚至旅行者提供多元化的服务。这是日本一些大型交通枢纽的共同特点。日本横滨客运港实际上也是一个海上公园，是市民休闲的场所。现阶段，我们强调以旅客为本体的室内空间设计。铁路客站作为社会资源共享的程度并不高，但随着我国经济的快速发展和站房管理模式的变化，火车站内部的功能会朝着多样化的方向发展，要求站房具有为旅客提供多种不同服务的可能性，由此候车空间的设计将变得多样化和公共化。如何在一体化的大空间中布置商业空间，是大型站房设计中要充分考虑的问题。为方便旅客使用，多采用

图2 襄阳东站进站广厅：空间的引导作用

图3 武汉站中央大厅

图4 郑州东站候车大厅

线侧夹层空间作为商业服务场所，也可在高架候车厅层两侧设置（图5）。其实也可以参照机场模式，在候车厅设置岛式商业空间。

（2）换乘空间

作为大型交通枢纽，旅客换乘的便捷性是非常重要的。来自地铁、公交及长途汽车的旅客数量，一般超过进站旅客总数的一半。对于大型枢纽站房来说，从出站层到站台层和高架层的交通换乘空间，成为室内空间设计的重要组成部分（图6、图7）。

图5　太原南站在候车厅层两侧设置的商业空间

图6　郑州东站地面层交通换乘厅室内

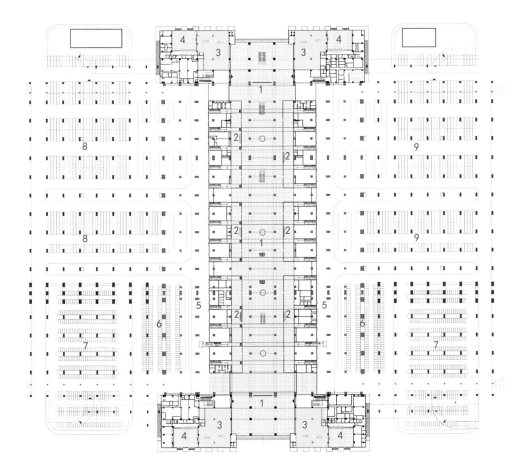

1. 出站通道　2. 出站厅　3. 换乘大厅　4. 售票厅　5. 出租车上客区　6. 出租车场　7. 社会车场　8. 长途车场　9. 公交车场

图7　郑州东站地面层交通换乘厅平面图

二、室内空间的结构造型表现

1. 站房室内空间与结构的关系

大型铁路站房室内空间有着鲜明的特点：

（1）屋面形态在空间围合中起主要作用。

（2）多采用大跨度结构，形成一体化空间。

（3）空间与结构体系有直接的关系，表现结构的美感成为重要的设计手段。

2. 结构形式美

结构设计，力学逻辑与造型艺术是两个主要元素，二者相辅相成，如何在两者之间寻求平衡点是关键，而不同的侧重点又会产生不同的设计风格。在长沙南站设计中，我们把钢结构体系作为空间艺术表现方式来呈现。在波浪形屋顶下，结构柱被设计成挺拔生长的形态，这源于建筑师对树枝的深刻印象。支柱由四根钢管组成，上部逐级分支发散，产生了传力明确的结构体系。这是一种对具体事物进行艺术抽象处理，并将其与结构设计相结合的方法，在符合结构逻辑的前提下加入精致的细部处理，结构本身产生了美感。

太原南站是现有站房空间结构设计中，为数不多的采用钢结构单元体的实例。每个单元体平面尺寸为36m×32m，覆盖整个平面。在室内空间中，钢结构单元体成为最重要的表现形式，不需要附加装饰，形成完整的极富韵律感的室内空间。

三、室内空间设计的文化性表达

我国地域辽阔，民族众多，自然环境与文化环境在不同地域具有明显的差异性。在站房设计中往往强调对不同地域文化特征的表达，与所在环境相协调。室内空间设计与外部建筑形式密切相关，是一个不可割裂的整体。在室内空间设计中，往往更能展示地域文化的特色。

崔愷院士设计的拉萨站站房，是一个从高原上自然生长出来的建筑。在内部空间的设计中，引入了藏族建筑排柱的概念，加上极具特色的地方色彩的应用，把地域文化恰当地表现在站房之中（图8、图9）。

崔愷院士的另一个作品苏州站，则融入了江南民居的元素。从室外到室内，从站房形式到色彩处理，都体现出建筑师对苏州地方文化传统精髓的整体把握。

在太原南站的设计中，我们汲取山西传统民居清

图8 拉萨站外观（中国建筑设计研究院有限公司 / 提供）

图9 拉萨站室内（中国建筑设计研究院有限公司 / 提供）

水砖墙和窗花的元素，应用到站房室内空间之中，仿清水砖墙的石材幕墙有着随时间变幻的光影效果。

四、室内环境营造

1. 热工环境

建筑室内热环境由室内空气温度、湿度、气流速度和平均辐射温度四要素综合形成，以人的热舒适程度作为评价标准。影响室内热环境的因素包括主动控制的暖通空调、机械通风等设备措施及被动调节技术（室内外热作用、建筑围护结构热工性能等）两个主要方面。

我国地域辽阔，地域气候差异大。在设计策略上，我们采用被动式节能技术结合主动式节能技术的方法，充分考虑到建筑对地域气候的适应性。在长沙南站的设计中，我们利用站房本身出挑深远的屋檐、可调节的遮阳百叶、通风装置等被动式设计适应了夏热冬冷地区季节的变化；太原南站特殊的双层表皮围护结构具有极佳的热惰性，大大提高了建筑表面的保温性能，同时外幕墙空腔在冬季阳光直射下，具有良好的蓄热性能，适应了北方冬季寒冷的气候特点。主动式室内热环境调节主要是注重技术设备的智能化和创新性，建筑师应与暖通设备等其他工种密切合作，从而实现主动式和被动式调节技术的互动结合。太原南站采用地源热泵和地板热辐射采暖的系统设计，以最小的能源代价实现室内热环境的舒适性。

2. 室内照明

对于有着巨大空间的铁路站房来说，天然光是一种不可忽视的设计元素。

福斯特设计的北京首都机场T3航站楼是交通建筑运用天然光的典范之作。以往的航站楼往往忽视了屋顶采光，同时因为航站楼的平面尺度巨大，自然光很难从建筑边缘的窗照射到大厅中央，厅内只能依靠人工照明，产生的热量又需要更多的设备和管道来处理，这种做法既浪费能源又难以获得舒适的视觉环境。北京首都机场T3航站楼在屋面设置均匀分布的采光天窗，阳光可以通过屋顶的三角形采光孔射入室内，并经过天窗下面铺设的条状顶棚漫射到整个大厅里面，产生了如同天幕一般宜人的室内光环境。

在利用自然光的同时，高效、舒适的人工照明也是非常有必要的。日本关西国际机场的室内设计中，通过设置造型优美的反光板，使得人工照明经过反光板的漫反射照向整个空间，避免了一般在顶棚设置灯具产生的眩光（图10）。我们在杭州东站的室内设计中，将屋顶的天然采光带分散均匀布置，提供柔和的室内光线，并且有效地避免了眩光的产生（图11）。

总而言之，大型铁路客站的采光照明设计应统筹考虑：大空间以天然采光为主，但要防止阳光直射；辅以人工照明和使用灵活可变的人工光；没有眩光、照度适中均匀的室内照明，营造舒适健康的光环境。

3. 室内声学环境

一方面，站房内声学环境关系到旅客的安全，尤其是在紧急状况下语音信息的传递；另一方面，为减少候车厅密集人群产生的噪声，车站大厅的声学环境可通过合理的建筑构造进行改善。

在太原南站的设计中，站房室内空间由一个个独特的结构单元体组成。每个单元体的顶棚被设计为倒四棱锥的形式，吊顶采用微孔吸声板，形成吸声的空腔，从而有效地减少了车站大厅内的噪声。随州南站采用新型张拉膜技术，张拉膜透光性好，同时具有良好的吸声效果，有效实现了降低噪声的设计目标。在多个大型车站设计中，我们在站台和出站通道等噪声较大的区域，对吊顶进行声学处理，增加微孔金属板吸声吊顶，同时吊顶与结构层之间留有200mm空腔，保证了良好的声学效果，提高了广播语音的清晰度。

4. 材料与色彩

铁路客站的室内空间装修具有使用周期长的特征，因此，室内装饰材料必须具有更好的耐久性和技术成熟度，同时应优先选用防火、易清洗的绿色环保材料。在整体高大空间，可表现结构材料自身的质感和美感，而在旅客容易接触到的区域，可使用木材、橡胶等安全环保、高舒适感的天然材料。

交通空间室内装饰的色彩，可以分为两大类：形象色和功能色。形象色是一种重要的设计手段，服从于整体空间的艺术效果，一定程度上体现车站的特色和地域文化。包括大面积的背景色，重点空间的主题色，一般要为大多数人所接受，能直接衬托或提升整体空间的形象。功能色直接服务于各种引导和标识功能的需求，是动态显示屏、旅客引导系统及广告等专用设施的用色。这些色彩以醒目明快为原则，易于旅客发现和识别，加快人流疏导，减少乘客滞留。固定设施的用色有一定的通用性，如消防系统、盲道、售票处、邮箱等。在室内空间色彩的设计中，要注意避免形象色对功能色的干扰。

图10　日本关西国际机场室内

图11　杭州东站候车厅顶棚采光

五、结语

大量的铁路客站正在建设之中，室内设计中有诸多问题摆在我们面前。在这里笔者通过对铁路站房及其他交通建筑案例的分析与研究，指出了铁路客运站房室内空间设计所要关注的重点问题，并对室内空间设计环节进行了梳理，希望为今后的铁路客站设计提供一定的参考。

铁路交通枢纽的绿色生态设计策略[1]

Green Ecological Design Strategy
of Railway Transportation Hub

一、引言

根据调整后的《中长期铁路网规划》[2]，到"十二五"末的2015年底，中国铁路营业里程将由2010年底的9.1万km，提高到12万km。而据中国铁路公司统计，截至2013年底，中国高速铁路运营里程已突破1万km，占全世界高速铁路总运营里程的45%[3]。随着中国铁路建设突飞猛进的跨越式发展，数量众多的新一代铁路客运站正在建设之中。

近年来已建成或在建的大型铁路客运站房，成为超越传统火车站概念的综合交通枢纽。以铁路交通为依托的综合交通枢纽，已经不是过去单一的客运场所，而是集合铁路、城市轨道交通、城市公交、长途汽车等交通方式，形成所在城市乃至更大区域的综合交通枢纽，其建筑规模和空间形态变化巨大，往往成为城市发展过程中的一个新的焦点。

二、铁路交通枢纽建筑特征与绿色生态策略

大型铁路交通枢纽，最高聚集客流量往往在5000

人以上，特大型交通枢纽甚至超过10000人，需要尺度巨大的站房主体空间。为提高旅客进出站及换乘的效率，建筑的功能流线组织及空间形态发生着变化，传统的线侧式站房演变为线上高架站房，形成大跨度的通透空间。新一代铁路枢纽的候车区多采用与机场航站楼类似的开敞空间，并在其中布局售票、安检、候车、进站及各类商业服务等使用功能。因此，旅客的活动主要集中在功能一体化的候车大厅中。

针对上述特点，铁路客站建筑设计的绿色生态策略主要针对主体空间，即进站广厅和候车大厅部分。我们在设计中优先采用被动式节能技术[4]，实现环保目标。

三、被动式节能技术的应用

1. 天然采光

对于大空间的候车大厅，外墙玻璃部分提供的照明进深范围有限，大厅中央部位天然采光主要来自屋顶。对于屋顶采光的评价，除了照度值外，照度均匀度也是一个重要指标。

屋顶采光窗的布置，主要有整体式（郑州东

---

1 原文发表于《城市建筑》2014年第2期，获湖北省土木建筑学会第14届自然科学优秀学术论文二等奖。本篇略有修改。

2 2004年1月，国务院常务会议讨论通过了《中长期铁路网规划》，这是国务院批准的行业规划，也是截至2020年我国铁路建设的蓝图。

3 我国高速铁路突破一万公里[N/OL]. 人民日报，2013-09-27[2021-05-20]. http：//www.people.com.cn/24hour/n/2013/0927/c25408-23051007.html.

4 被动式节能技术，以非机械电气设备干预手段实现建筑能耗降低的技术，具体指在建筑规划设计中通过对建筑朝向的合理布置、遮阳的设置、建筑围护结构的保温隔热技术、有利于自然通风的建筑开口设计等实现建筑采暖、空调、通风等能耗需求的降低。

站）、条状（杭州东站）、分散式（太原南站）等三种形式（图1）。

我们通过计算机模拟，对屋顶及外立面天然采光进行量化计算，通过对室内照度模拟数据的分析，确定采光顶的大小、位置分布及采光材料的透光率。

2. 建筑遮阳

炎热地区或冬冷夏热地区，建筑遮阳是行之有效的节能措施。建筑遮阳范围主要为屋面采光顶及外窗。

屋面采光顶遮阳主要有三种形式。一是外遮阳，在采光顶上方外置遮阳百叶，按照太阳高度角确定百叶角度与宽度，遮挡夏季阳光，确保冬季阳光仍能进入室内。二是内遮阳，在采光顶下方设置电动遮阳百叶，夏季开启，冬季收起。三是自遮阳，利用材料特性在透光的同时遮阳隔热。郑州东站透光屋面正是采用自遮阳的实例。天窗与屋面面积比为9.7%，所采用的U形阳光板透光率（透光率LT=24%，传热系数K=1.68W/m²·K，遮阳系数SC=0.30，）符合《公共建筑节能设计标准》及《河南省公共建筑节能设计标准实施细则》。漫反射型聚碳酸酯中空板，厚度25mm，透光而不直射，光线柔和，无聚光点和聚

热点，同时具有良好的热工性能，提供天然采光的同时完全满足夏季隔热、冬季保温的节能要求（图2）。

针对铁路站房特点，外窗遮阳可采用雨篷遮阳、幕墙外遮阳板等方式，也可结合落客平台，对东、西向日晒予以遮挡。长沙南站为避免强烈的东、西日晒，采用延伸的屋面覆盖落客平台，同时在幕墙上设有外置遮阳板（图3、图4）。

3. 自然通风

对于24小时运营的铁路交通枢纽，利用自然通风是在过渡季节减少空调系统能耗的关键。促进自然通风主要利用屋面通风塔、天窗及外墙高侧窗。采用可自动开启的外窗或天窗，能够将消防排烟与自然通风合二为一。

4. 建筑外维护系统

铁路交通枢纽的主体空间是候车大厅。为缩短旅客步行距离，大型枢纽站多采用跨越铁道线路的高架站房。相对于传统火车站的单个候车厅，高架站房的一体化候车大厅面积更大、层高更高。另外，高架站房架空于站台上方，除了屋面和外墙系统外，还增加

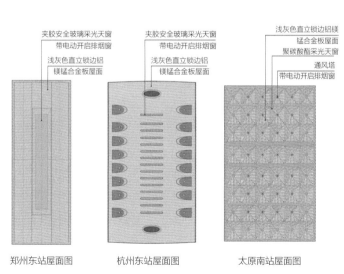

图1 采用不同形式屋顶采光窗的屋面示意简图

图2 郑州东站候车厅采光天窗

图3 长沙南站高架落客平台

图4 长沙南站幕墙外遮阳百页

了需进行保温、隔热、围护的高架层楼面。

位于铁道线路上方的高架站房，受快速通过的动车影响，楼面震动难以避免。为防止外保温层脱落影响行车安全，高架层也可以采用内保温设计。

5. 可再生能源利用

屋面太阳能系统、地源热泵系统、污水源热泵系统是利用可再生能源的主要方式。

大型铁路交通枢纽大空间之上的面积巨大的屋面，一般采用直立锁边的金属屋面系统。由于铁路车场的原因，屋面不受周边建筑物遮挡，这为设置屋面太阳能系统提供了较好的条件，同时，太阳能板也能起到屋面遮阳的作用。

杭州东站屋面采用的太阳能系统，利用站房主体屋顶和站台雨棚屋顶空间布置太阳能光伏电池组件，该光伏发电工程设计规模为10MWp，总计铺设多晶硅太阳能光伏组件7.9万m²，年平均上网电量约948万kWh，工程设计运营期限可达25年。项目充分利用现有建筑的屋顶结构和面积，直接在直立锁边的金属屋面系统上铺设太阳能板，实现了光伏发电和车站建筑一体化。该系统能够直接并入国家电网（图5~图6）。

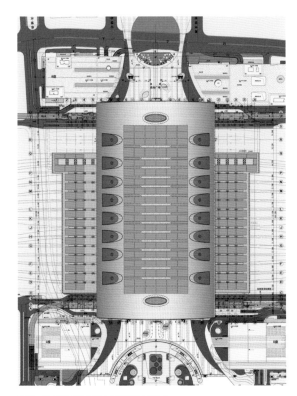

图5 杭州东站屋面太阳能板布置图

图6 杭州东站屋面太阳能板实景照片

四、太原南站站房建筑设计的绿色生态策略

太原南站是石太铁路客运专线上重要的枢纽站之一，是一座集铁路、城市轨道交通换乘功能于一体的现代化大型交通枢纽。其车场规模为10台22线，最高聚集人流量为5500人，总建筑面积183952m^2（图7）。

1. 造型特点

太原南站主站房采用独特的单元结构体系，在满足建筑造型需求的前提下，单元体结合了通风塔与屋面透光带的设计，以实现自然通风与自然采光的效果（图8、图9）。

2. 建筑自遮阳

太原南站东、西向立面为主要出入口，东、西晒对建筑内部热环境不利。设计结合建筑造型和结构单元布局，在东、西向分别增加一排结构单元，形成了自然的自遮阳体量。我们通过生态设计软件ECOTECT模拟分析了站房东、西主立面屋檐在夏至日和冬至日各时间点对建筑立面的太阳辐射和遮阳区域的影响。从分析可知，在夏至日16：00以后，太阳光线才照射到部分西立面，而在冬至日由于太阳

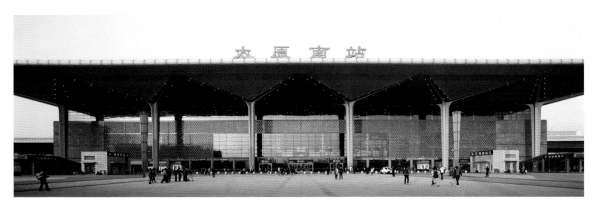

图7 太原南站主立面

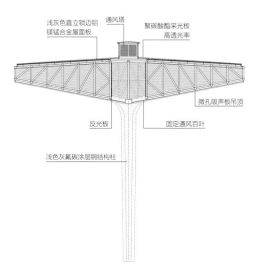

图8 太原南站结构单元体剖面图

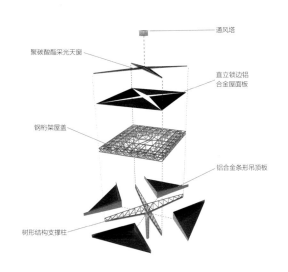

图9 太原南站结构单元体分解示意图

高度角的变化，对建筑立面的采光和辐射并未产生不利影响（图10~图13）。依据电脑模拟的数据，我们调整了屋檐出挑的尺度，既保证了夏季高温时段站房主立面的自遮阳效果，又保证了冬季阳光能够直射到建筑室内，从而有效地化解了站房主立面偏西向的不利条件（图14~图16）。

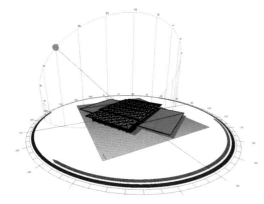

图10　夏至日16：00阴影范围示意图

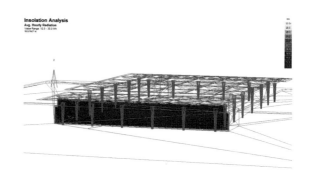

图11　夏至日16：00-17：00西立面太阳辐射示意图

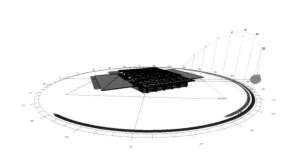

图12　冬至日16：00阴影范围示意图

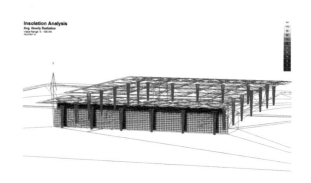

图13　冬至日15：00-16：00西立面太阳辐射示意图

图14　夏季日照实拍图（2014年6日30日 12点）　图15　冬季日照实拍图（2014年冬至日）

夏季   冬季

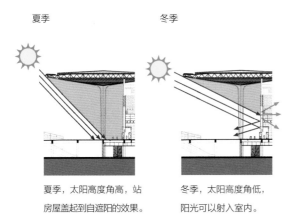

夏季，太阳高度角高，站
房屋盖起到自遮阳的效果。

冬季，太阳高度角低，
阳光可以射入室内。

图16　日照分析图

3. 自然采光设计

太原南站主站房体量巨大，立面玻璃幕墙的采光难以满足大进深室内空间的照度要求。设计结合结构单元体的布局，在每个单元体的屋顶设置了X形的半透明高强聚碳酸酯采光天窗，可将直射阳光过滤为均匀柔和的室内光线，从而大大降低了白天室内的采光能耗。同时，利用DIALUX软件进行自然采光的电脑模拟，经过模拟太原当地冬至日日照情况计算出晴天正午时分室内平均照度为660lx，阴天或傍晚室内平均照度为300lx。因此，在白天，以上区域的大空间可不用开启顶棚照明灯具（图17~图18）。

4. 自然通风体系

在太原南站的设计中，根据太原地区的气候特征和周围环境状况，我们采用CFD软件对建筑在环境中的通风效果进行了模拟，从模拟结果来看，建筑前后形成了明显的风压，对于建筑内的自然通风非常有利（图19）。

在春秋过渡季节和夏季部分适宜时段，通过建筑内部的自然通风实现建筑内的空气置换，保证建筑室内的热环境舒适性，从而缩短空调的运行时间（图20）。结合建筑布局与使用功能，在候车大厅南、北向幕墙上设置可控制的百叶窗，并在候车大厅结构单元上部设置可控制的"通风塔"（图21）。在适宜的季节，新鲜空气可通过开启的门窗洞口导入，利用风压和热压，实现建筑内的空气流动，实现自然通风。

通过通风模拟分析可知，在风帽口关闭状态下，风帽口位置风速大小接近0，处于无风状态；在屋顶通风帽单面开启状态，风帽口有空气流出，且风速在0.8m/s左右；而在通风帽双面开启（迎风面、背风面）状态，风帽口空气流动明显加强，风速在1.2m/s左右[1]。

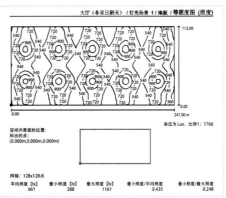

图17　冬至日15：00高架候车层自然采光模拟图

1　以上数据均为现场实测，取平均数值。

图18 高架候车层实景图

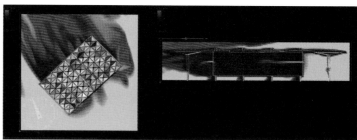
图19 建筑风环境模拟分析图

室外新风摄入
室内空气受热对流
室内高温废气对流排出

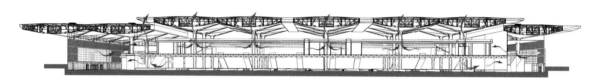

图20 自然通风气流组织分析图

图21 "通风塔"电动百叶自动控制过程实景照片

"通风塔"不仅具有促进自然通风和增加自然采光的作用，而且是一个被动式太阳能装置，冬季玻璃百叶关闭，起蓄热作用，形成对室内的热辐射；夏季则开启形成自然通风。

5. 集热蓄热的双层幕墙系统

太原南站外围护体系采用新颖的双层中空玻璃石材组合幕墙。双层构造的组合幕墙靠室外侧采用中空玻璃及石材组合，靠内侧采用单片玻璃及石材组合，在两层幕墙之间为600mm空气间层（图22）。独特的幕墙体系在冬季吸收太阳辐射热形成集热蓄热外墙，将热能传导至室内，这在冬季寒冷的太原地区非常有利于降低车站运行的能耗。

同时，太原南站的组合幕墙，不仅在造型上继承了山西民居清砖砌筑的神韵，同时通过独特的双层玻璃石材组合幕墙构造方式，使阳光漫射进入室内，避免了直射阳光对室内环境的影响，提高了室内的热舒适性。

6. 地源热泵系统

地源热泵技术是一种利用地球表面浅层的地热能资源进行供热、制冷的高效、节能、环保系统，具有保护大气环境、减少CO_2等温室效应气体排放、降低建筑供热空调能耗等显著优点。太原南站地源热泵系统利用地热作为主要冷热源，夏季制冷可满足总负荷100%的需求，冬季制热可满足总负荷56%的需求。该项目之所以大面积采用地源热泵，是建立在对该技术所做的模拟计算及详细研究的基础之上。

与冷水机组加之城市供热相比，地源热泵系统的初始投资比较高，但节能、减排效果明显。本项目的地源热泵每年可节省960吨标准煤，节能率达39%，节水13500吨，减少CO_2排放1600吨。太原南站同时采用地源热泵系统和地板热辐射采暖，提高舒适性的同时节省能耗。

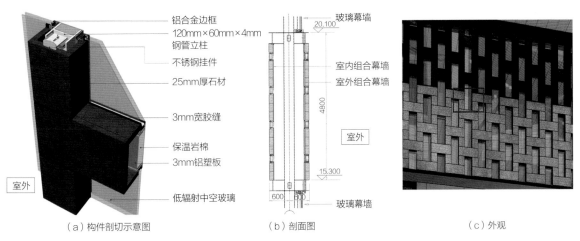

图22　双层幕墙外层构造图

五、结语

绿色生态策略的广泛应用，使新一代铁路交通枢纽成为绿色生态型客站，在节能减排的同时提高环境舒适度。我们在铁路站房设计实践中，坚持采用"以被动式节能技术为主、主动式节能技术为辅"的绿色生态策略。我们认为，无论铁路站房还是其他类型建筑，都可以通过精细化的绿色建筑设计，采用常规技术来实现节能与环保的目标。

综合交通枢纽与城市交通体系的整合[1]

Integration of Transportation Hub
and Urban Transportation System

一、前言

随着我国铁路建设和城市建设的快速发展，大型铁路客站演变成多种形式交通的聚集和换乘地，成为一个车流、人流高度聚集的综合交通枢纽，对城市的影响是巨大的。一方面，铁路交通枢纽带动站区的大规模城市开发建设，改变了城市交通；另一方面，综合交通枢纽的建设与城市的更新和开发之间的整体协调性不够充分，交通枢纽对城市现有交通体系所产生的深刻影响没有得到足够的重视。

因此，现在刻不容缓的事情，就是要把综合交通枢纽纳入到整个城市的交通体系之中，与城市交通体系进行全面整合，通过专项的交通设计与评估来解决所面临的问题。

二、现状

我国以往的铁路客站，大多在20个世纪80年代以前建成。由于设计理念、建筑技术、经济条件等多方面的原因，局限于较为单一的铁路运输功能。旅客换乘其他交通不方便，商业配套服务设施不成体系。在旅客高峰时期，大量旅客滞留在站前广场上，这成为传统火车站的普遍现象。当前新建的铁路综合交通枢纽，不再仅仅是铁路运输的终端，而是作为整个城市甚至整个区域的交通换乘中心。一些位于新城区的综合交通枢纽，往往是新城区的核心，结合城市配套建设项目，成为集交通功能与旅游、商业服务、金融、商贸等功能为一体的城市综合体。

我们现在进行的综合交通枢纽的设计，重视旅客流线和功能问题，注重建筑形式的创新，注重新技术、新材料、新工艺、新设备的使用，站房本身的问题都得到了广泛深入的研究。站区总体规划和交通规划设计，往往在方案阶段能够得到重视，从初步设计开始，会出现铁路与地方协调不够的问题，到了施工图阶段就难以贯彻执行了。这里存在国家铁路建设与城市规划管理属于不同的两个行政部门的原因，前者为交通部，后者为地方政府。多数情况下，综合交通枢纽建设在前，城市交通及市政配套在后。因此，综合交通枢纽与城市交通体系的融合与衔接，变成了一个比较复杂，甚至是难以解决的系统性问题。

三、关于"过度聚集"

铁路交通枢纽不同于另一类交通建筑——机场航站楼，大部分铁路枢纽接近城市的中心区或位于

---

1 2011年12月16日，由上海现代建筑设计（集团）有限公司、《城市·环境·设计》（UED）杂志社联合主办的"交通建筑设计高峰论坛"在上海举行。笔者受邀作为本次论坛的演讲嘉宾，作了题为"综合交通枢纽与城市交通体系的整合"的报告。后经整理发表于《铁道经济研究》2013年第6期。

新城区与老城区之间。与机场相比，铁路交通枢纽与城市的关系更密切，对城市交通体系影响更直接。

为了方便旅客就地换乘，我们在设计中强调地铁、磁悬浮等轨道交通及公交、长途等各类地面交通与国铁进行无缝衔接，即所谓"零距离换乘"。体现在交通组织上，就是各类交通在站区形成高度聚集甚至是"过度聚集"。我之所以提出"过度聚集"的概念，是基于这样三个因素：第一，地铁是城市与铁路交通枢纽相衔接的最重要的方式，从理论上讲可以解决近半数以上的旅客流量，但是，由于城市地铁有一个漫长的规划和建设过程，铁路站房在建成使用的初期，主要依靠地面交通体系解决旅客进出站的问题。第二，各种城市交通进驻到大型枢纽站。除了轨道交通外，还包含长途汽车（站）、旅游巴士、公交车（站）及BRT这一类大型车辆，当然还有大量的社会车、出租车等小型车辆。第三，站前广场及周边的大规模城市开发与建设，增加了额外的交通流量。这就使站区周边道路交通流量过大的问题凸显出来，尤其是位于城市中心的综合交通枢纽。

这会使得站区地面交通变得极为复杂，同时对城市原有的交通体系产生重大影响。大多数位于城市中心区的大型交通枢纽，在设计和实施过程中，站区周边的城市道路框架已形成，有些可以根据站区交通设计进行局部调整，有些并没有太多调整的余地。主要原因是：这些城市道路当初从设计到施工完成，一般都没有充分考虑铁路客站的因素，没有准确计算综合交通枢纽带来的地面交通的"量"。这样造成的结果是显而易见的：道路容量不够，站区交通疏解困难；或者是交通流线不合理，站房投入使用后影响原有城市道路系统的正常使用。

已建成的一些大型站房，对站区周边城市交通的影响已经开始显现，往往会出现车辆进站难、出站也难的状况。这就需要地方城市规划和交通管理部门重视和协调解决这个难题。中国各大城市的交通，本身就存在道路规划与建设难以满足城市发展的需求的问题，而铁路交通枢纽的建成与使用，使这个问题更加突出。

四、实例分析

1. 实例分析之一：郑州东站

石武铁路客运专线是"北京—武汉—广州—深圳"客运专线的重要组成部分，郑州东站是新建石武（石家庄—武汉）客运专线和徐兰（徐州—兰州）客运专线十字交汇的大型综合交通枢纽，汇集铁路客运、公路客运、轨道交通、城市公交等多种交通方式，实现铁路与城市多种交通方式的衔接（图1）。

郑州东站位于郑州市东侧的郑东新区，是国家铁路网中的重要枢纽，共设正线4条，旅客列车到发线30条，站台16座。站房高峰小时旅客发送量7400人，车站总建筑面积41.5万m²。

郑州东站为高架站场和高架站房，采用"上进下出"的旅客流线。站房主体建筑共3层，分别为地面层、站台层和高架层。另外，在地下部分设有2层地铁站。

郑州市地处中原腹地，是中原城市群核心城市和我国重要中心城市。除京广、陇海两条国家铁路干线在此交汇外，京珠、连霍两条高速公路国道主干线也在此交汇，是全国重要的交通枢纽城市，具有承东启西、连南贯北的重要地位（图2）。

郑州东站与城市规划的关系：郑州城市的发展向东延伸，形成郑东新区。郑州东站位于郑东新区的中心，对新区交通格局起着决定性的作用。在郑东新区的规划与建设过程中，由于时间滞后的原因，郑州东站与城市的交通关系并没有被充分考虑，需要进一步的衔接和整合。

在郑州东站站房的总体规划与设计过程中，我们

图1 郑州东站鸟瞰图

图2 郑州东站与周边城市道路关系图

联合交通设计专业团队进行了城市设计和站区交通设计,其中最重要的是城市交通设计。郑州东站交通枢纽的交通专项设计与评估,由我们配合专业设计机构经过多次反复修改完善,历经两年完成,最终通过了专家组的严格评审。

其中最重要的设计思路,是通过4条总长度近7km的高架桥及匝道,使进站车流直接从城市快速干道上进、出高架桥。这种立体分层的交通组织方式,把进站车流与站区地面车流完全分离,避免了进站车流对车站及广场周边地面道路的影响。另一方面,将107辅道通过西广场的路段改为隧道从地下穿越站前广场,使过境交通与站区交通剥离。这样就有效控制了站房周边主要道路的车辆流量,为车辆快速进出站房提供了条件,同时对城市原有道路交通的影响较小。此外,中兴路的贯通加强了南北向的交通联系,完善了方格网状的道路系统。我们在方案设计过程中,提出了扩展高架站场地面架空范围的思路:利用地面架空层,就近组织旅客换乘交通系统,提供公交车、长途汽车、出租车及社会车辆的停车场,有效缩短旅客进行换乘的步行距离。这一方案得到了当地政府部门的支持,将路基站场改为高架,形成了二十多万平方米的地面架空层(图3)。

通过以上交通设计方案的调整与优化,全面整合

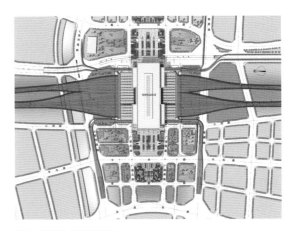

图3　郑州东站总平面图

了郑州东站交通枢纽与城市交通系统的衔接,优化了城市道路系统和交通流线,为车辆快进快出交通枢纽创造了条件,同时减少了对城市原有道路系统的影响,大大改善了站区交通环境。

2. 实例分析之二:杭州东站

杭州东站位于杭州市彭埠镇,距市中心7.5km,是"沪杭、浙赣、宣杭、萧甬"四条铁路干线的交汇处,是东部地区国家铁路网中的重要枢纽,也是杭州基础交通的重要组成部分。除国家铁路以外,杭州东站汇集了磁悬浮交通、城市轨道交通、公交车、长途汽车、出租车及社会车辆等各种交通方式,形成"长三角"城市群重要的区域性客运交通枢纽(图4、图5)。

图4　杭州东站鸟瞰图

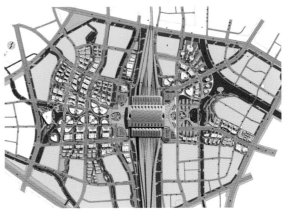

图5　杭州东站规划总图

位于城东新城中心的杭州东站枢纽，交通问题极为复杂。杭州市有关部门也非常重视，请专业公司进行站区交通的设计与评估。由于受到城市规划和道路现状的制约，与枢纽广场相邻的城市道路难以满足枢纽交通量的需求，优化调整将是一个艰难的过程。作为站房建筑和站前广场的设计单位，我们积极推进枢纽与城市交通体系的整合，提出了采用站区外围高架道路分离过境交通的设想（图6）。

（1）调整路网结构

杭州东站枢纽的大量地面交通，在站房周边四条快速路围合的范围之内占60%，以到发交通为主流。在整个"城东新城"地区，枢纽核心区以1/10的用地产生了整个地区1/3的交通量，过度聚集的地面交通需要向四周城市道路尽快疏解。根据枢纽交通的这个特点，采用方格网状的路网结构。另外，东站枢纽地区作为大量人流集散的城市中心地区，应当达到足够的路网密度，形成小街区、密路网的道路格局。除满足交通需要外，小街区形成的大量街道可以充分发挥该地区的商业价值，有效地发挥东站地区土地的效益。

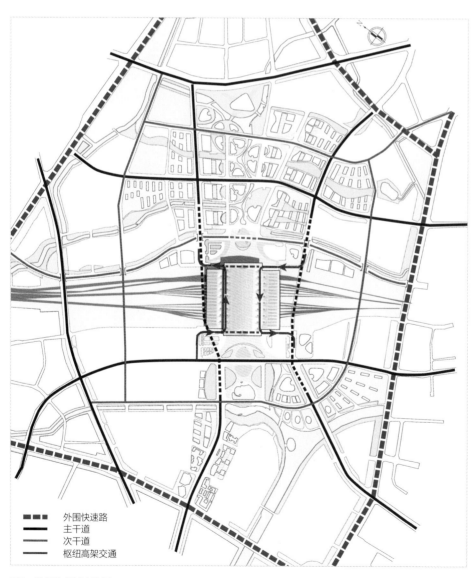

- - - - 外围快速路
———— 主干道
———— 次干道
———— 枢纽高架交通

图6　杭州东站城市路网

（2）加强东西向交通

从杭州目前的城市格局来看，由于铁路线、沪杭高速等设施均为南北走向，站场与站房的阻隔造成东西向的交通阻隔。规划在东站地区考虑了多条下穿车场的城市干道，加强城市东、西两个方向的交通联系。同时将车站地下停车库与下穿车场的城市干道天城路和新塘路直接联通。除此之外，专门设置了下穿车场的非机动车道，加强东西广场的可达性。

（3）分离过境交通

我们建议外围四条快速路设计为高架道路，与过境交通彻底分离，将大大减轻对地面交通的压力。据测算，通过高架道路系统分流过境车辆，与不设高架系统相比，大约增加了每小时6000标准小汽车的"机动车集散能力"。换句话说，高架道路系统腾出的地面交通能力，可以支撑东站核心区内新增100万~120万m²的建筑工程。

我们在完成杭州东站站房设计的同时，完成了城东新城核心区的城市设计，完成了车站东西广场76万m²的城市综合体的设计，与站房同步施工。在设计过程中，我们意识到了站区交通问题的严重性。在我们的努力下，杭州东站枢纽的交通专项设计得到了重视，地方政府邀请了国际上有丰富经验的专家进行相关技术咨询，为杭州东站枢纽与城市交通体系的整合创造了条件。

3．实例分析之三：上海虹桥综合交通枢纽[1]

上海虹桥综合交通枢纽位于上海市西郊虹桥地区，规划区域面积26.26km²，是一个集合了机场、铁路、磁悬浮、地铁、出租车、公交车、长途车等各种交通形式的"轨、路、空"一体化超级综合枢纽。设计满足至2030年日均旅客发送量30万人次的要求，是长三角地区也是目前中国最大的综合交通枢纽。事实上，虹桥枢纽现在日均旅客发送量已超过50万人次（图7、图8）。

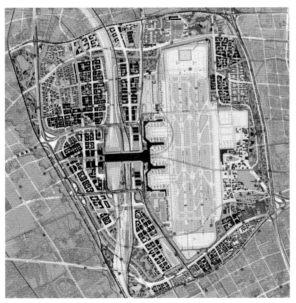

图7　上海虹桥交通枢纽城市规划

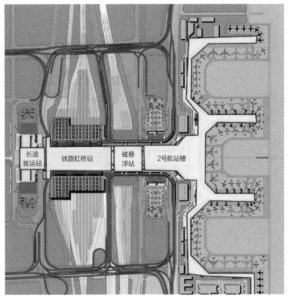

图8　上海虹桥交通枢纽总体布置图

1　文中实例"郑州东站"及"杭州东站"为笔者主持设计项目，"上海虹桥交通枢纽"为中国铁道第三勘察设计院及华东建筑设计研究总院合作设计。

上海是中国发展最快、建设管理最好的城市之一。在虹桥交通枢纽的城市规划及建设过程中，枢纽交通与城市交通体系得到了全面整合和统筹规划，是一个不可多得的成功案例，值得我们学习和借鉴。在笔者看来，虹桥交通枢纽的交通设计有如下几个特点。

①枢纽在城市中形成一个相对独立的"交通岛"，外围的城市快速路系统成环形，虹桥交通枢纽与城市交通体系相衔接直接、便捷。

②为节约用地及完善城市功能，枢纽范围内进行高密度的城市配套开发，由此产生了除旅客集散交通之外的城市交通量，使枢纽核心区交通变得更为复杂。枢纽内的旅客集散交通与配套开发区的交通进行了合理的分区，减少了相互干扰。

③枢纽综合体从西至东，分别为长途客运站、铁路站房、磁悬浮站和2号航站楼，以并列方式展开，采用各自相对独立的道路系统与快速路网进行衔接。

④采用分层、分区域的立体化交通换乘系统，使整个枢纽由整体到局部，形成清晰明了的道路交通层次，提高了交通效率。

五、结语

通过对以上几个大型铁路交通枢纽的设计分析，我们可以感受到：在铁路交通枢纽的规划设计与建设过程中，仅仅关注枢纽建筑设计是远远不够的。铁路交通枢纽与城市的衔接最根本的是交通一体化，但在现阶段客观上还存在行政管理上的"空白区"，国家铁路和地方政府在建设的一体化统筹方面还存在短板。我们一直在努力地思考铁路枢纽与城市交通衔接的问题，在具体项目设计中践行"交通一体化"，并在多个场合进行呼吁，希望能够协同政府管理部门来解决这个系统性的问题。铁路交通枢纽与城市交通体系的整合，是一件刻不容缓的事，应该成为我们共同关注的问题。

形式之外 ——太原南站建筑创作实践[1]

Beyond Form：The Creative Architectural Practice
of Taiyuan South Railway Station

2006年我们通过方案竞标获得太原南站设计权的时候，正是中国高速铁路发展起步阶段。那时候称高速铁路为"客运专线"，管理部门对新一代铁路旅客车站（以下简称"铁路客站"）的设计提出来"五性"原则，即"功能性、系统性、先进性、文化性、经济性"。时至今日，"五性"原则依然具有现实意义。

中国高速铁路经过十多年的快速发展，取得了举世瞩目的成就。新一代铁路旅客站的建设，量大面广，建设速度和规模前所未有。在客站功能流线及管理方式越来越注重"以旅客为本"的大背景下，如何采用适宜建造技术提高客站内在品质，获得更好的舒适性？如何应用现代建筑技术，体现客站的先进性？如何避免千篇一律，体现地域文化特色？这一切，都成为建筑师要面对的课题。

体现地域文化特色采用什么方式来实现？是做足表皮文章，粘贴传统符号，向秦砖汉瓦致敬？还是结合交通建筑属性和空间特征，积极响应气候环境条件，应用适宜的当代建筑技术抽象地表达文化内涵？通过太原南站的设计，我们进行了思考，做出了选择。

太原南站是石太铁路客运专线上最重要的枢纽站之一，是一座集铁路、城市轨道交通等多种交通换乘功能于一体的现代化大型交通枢纽。太原南站车场规模为10台22线，最高聚集人数为5500人。总建筑面积为18.39万m^2。

旅客动态流线为根本的空间布置和流线组织，通过与城市各类交通体系紧密结合、无缝衔接，使旅客换乘流线明确便捷，体现综合交通枢纽"效率第一"的功能设计原则。

站房主体采用独树一帜的钢结构单元体结构体系，将"唐风晋韵"的历史文脉与当代先进建筑技术巧妙结合，是国内少有的、典型的钢结构单元体大空间交通建筑。

设计前瞻性地采用新材料、新设备、新技术，实现生态、绿色、环保，达到国家现行绿色建筑三星级标准。设计综合运用建筑体量自遮阳、可调节自然采光、热压自然通风等被动式节能措施，同时也采用了地源热泵及地板热辐射采暖等清洁能源技术。大量绿色建筑技术的应用，使太原南站这座全新的交通枢纽成为一个具有示范效应的绿色生态型客站。

一、传统与现代的融合，文脉传承

中国仅存的唐代木构建筑，大多数遗留和保存在山西境内。以佛光寺大殿为代表的唐朝木构建筑，历经千年风雨，巍然屹立，向我们传达着中国木构建筑灿烂辉煌的篇章——"唐风"建筑的历史信息。佛光寺大殿粗壮的柱身、宏大的斗栱形成深远的挑檐，体现着唐朝盛世之光，有着震撼人心的力量。

与中国传统建筑一样，太原南站平面布置通过建筑单元体的形式，以"间"为单位产生大空间（图1）。

1　原文发表于《新建筑》2018年第1期，本篇略有修改。

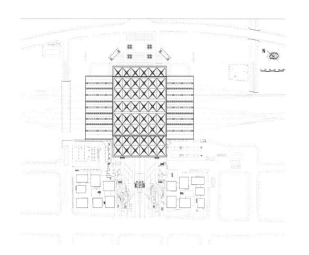

图1 总平面图

建筑整体形象具有交通建筑的标识性和可识别性，同时也呈现出唐朝宫殿飞檐的形象特征——通过现代结构形式抽象地表达、传承历史文化信息，展现山西"唐风晋韵"的地域文化特征，使人感受到中国传统建筑的华丽与典雅。由柱廊及挑檐产生大进深的半室外空间，遮风挡雨，成为旅客进站、换乘及休息等候的场所（图2）。

我们吸取山西传统民居中清水砖墙和窗花的建筑细节，形成由金属、石材和玻璃组合而成的复合幕墙，亲切而自然，在室内外产生美轮美奂的光影效果，在细节上体现晋韵之美。

二、独树一帜的建筑单元体形式

建筑即结构、结构即空间、空间即形式。太原南站采用钢结构单元体，由36m×43m的钢结构单元体构成大空间。在单纯的结构单元体基础上，增加自然采光天窗和通风塔，形成建筑单元体。建筑单元体提供大空间的自然采光，提供站房过渡季节在空调系统关闭情况下的自然通风，并在火灾状况下实现自然排烟。单元体构成极具特色的室内空间，为旅客带来全新的空间体验（图3）。

"树"一样生长的钢结构体系为建筑空间提供了自由生长的可能性。这一点在太原南站的施工过程中得到充分体现。当站房主体结构施工已完成一半的时候，由于"大西客运专线"的引入，增加4个站台和8条到发线，不得不进行设计修改，高架候车厅平面必须扩大以适应站场的变化。我们通过增加2排共计12个单元体来实现这种变化。正因为单元体的这种

图2 入口空间

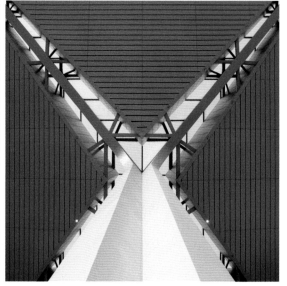

图3 单元体仰视图（实景照片）

特性，不影响正在进行施工的结构，避免了工程返工和出现废弃工程（图4）。

太原南站采用建筑单元体，使建筑空间与结构体系体现出清晰的逻辑性：使用功能、结构体系、建筑空间三者有机生成，浑然一体。我们试图在功能与形式、建筑与环境、传统与现代之间，对现当代交通建筑重新进行诠释。

此外，建筑单元体具有很好的可实施性，可实现标准化构件制作与现场施工安装。施工精度易于控制，减少现场作业，施工速度快（图5）。

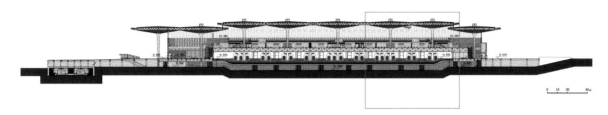

图4　剖面图（红色线框范围内为施工过程中增加的4个站台及2排结构单元体）

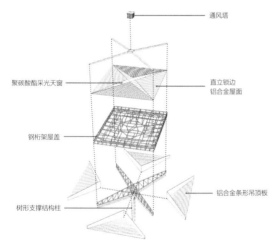

图5　单元体分析

三、广泛应用绿色建筑技术

我们2006年开始太原南站的设计，当时还没有绿色建筑设计的法规和标准。我们前瞻性地采用被动式节能技术，打造全寿命周期的绿色车站，基本达到了国家现行绿色建筑三星级标准。

通过进行建筑环境的模型分析，在自然通风、自然采光、建筑遮阳、建筑外围护系统的保温隔热及建筑声学等多方面，制定了符合太原市气候环境特点的切实可行的绿色生态策略。例如，屋顶采光窗为分布相对均匀的X形天窗，采用隔热性能优良的漫反射型中空聚碳酸酯板，室内获得较为均匀柔和的照度，同时避免阳光直射，节能的同时形成舒适的室内光环境；建筑遮阳则采用建筑体量自遮阳，通过计算机模拟，确定外廊及檐口尺度和比例，保障夏季遮阳及冬季形成阳光直射入室内；冬季利用幕墙空腔储热，为室内空间提供热能；室内吊顶采用穿孔铝板并衬以吸声膜，减少噪声，控制混响时间，有效提高了候车大厅内的广播语音清晰度。

太原南站建成后投入使用的初期，我们进行了自然采光、自然通风及外墙保温等多方面的现场数据实测，获得了大量数据并进行了比对分析。以太原南站为基础和蓝本的绿色客站技术论文在多个专业期刊发表，"太原南站绿色建筑技术应用与技术研究"成果具有广泛的应用条件，为我国新一代铁路旅客车站和同类建筑的设计与建设，起到了示范作用。

四、结语

当代中国建筑，形式之外，我们更关注建筑的内在品质。中国社会和经济的持续发展、现代建筑技术的广泛应用，为建筑师提供了更多选择。由内而外，超越"为形式而形式"思想的桎梏与羁绊，注重建筑空间与结构体系的逻辑关系，采用适宜技术和以被动式为主的绿色建筑策略，结合地域气候条件和文化特征，我们能更好地完成建筑设计创作。

意·形·技 ——结构单元体与空间塑造[1]

Conception，Form，Technology：
Structural Unit and Space Molding

一、引言

中国铁路的大发展带来了新一代铁路旅客车站的建设高潮。随着高速铁路的快速发展，动车车次加密，旅客等候时间变短，旅客候车模式由传统的"等候式"向"通过式"转变。候车模式的变化，必然带来候车空间的变化。传统的单个独立和封闭的候车室逐渐消失了，取而代之的是包含候车及多种旅客服务功能的一体化大空间，成为旅客自由活动的大客厅。这个一体化空间的营造，是我们进行铁路旅客车站设计的关键。

建筑创作构思与立意—空间形态与结构形式—适宜的建造技术，三者形成清晰的逻辑关系，我们称之为"意、形、技"。现代建筑技术为我们进行空间营造提供了多种可能性，通过不同结构形式的研究和创新，创造出极具个性的公共空间。过去的十多年，我们设计团队完成了一大批铁路旅客车站的设计。在设计过程中，我们遵循"意、形、技"的逻辑，以各种不同的结构形式将空间形态呈现出来。在尝试和实现过多种大跨度结构之后，我们发现，铁路车站的主体空间采用结构单元体的形式，也能实现良好的舒适性和与众不同的空间体验。

二、单元体的概念

何谓"单元"？《现代汉语词典》中对"单元"的解释为："整体中自成段落、系统，自为一组的单位。""单元"在形态学中通常被定义为：重复的、较小的形体，具有或不具有变化，被作为基本单元所涉及以形成一个较大的形体。与此同时，"体"的概念重在强调空间独立性、体积感与尺度感等。在这样的组合模式之中，"单元"作为最基本的元素，在空间中按照分节秩序的方式进行排列组合而形成"单元体"。

针对建筑这一范畴，我们可以将单元体定义为：具有相同形状、体积或结构的一个独立体或独立的多个空间形体与构件的组合体，即包括单元空间、单元结构与单元形体。由单元体生成整体，是营造建筑空间的一种手法。单元体的形式相对简洁和完整，按照一定的方式重复排列，给建筑带来丰富的空间和形式。

三、单元体的特征

1. 重复与"数量美学"

重复是自然界最普遍的现象，从日出日落，到万物生长、四季轮回。在有序的建筑空间里，重复是组

---

1 原文发表于《建筑技艺》2018年第2期，本篇进行了修改。

织艺术中最初始和最基本的手段。事实上，单个的物体往往不足以引起人们的兴趣，但当若干个相同或相似物体通过重复排列组合在一起，就能给人带来视觉上的冲击，即重复带来的"数量美学"。单元体在空间中的重复，呈现出极富表现力的韵律感。

单元体的重复形成秩序。美国学者R·阿恩海姆（Rudolf Armheim）在《建筑形式的视觉动力》一书中写道："秩序必须被理解为任何有组织的系统在发挥功能作用时所必不可少的东西，而不管它是精神的还是物质的。所以一件艺术和建筑作品，除非呈现有秩序的模式，否则就不可能发挥作用和传递信息，无端变化是制造混乱的根源，重复代表着节制、纯粹、有序、有规律、整体性……"荷兰结构主义代表人物阿尔多·凡·艾克（Aldo van Eyck）则提出要发展"数量美学"，他的建筑就是单元体在重复规律下的组合，具有"迷宫式的清晰性"的特征。

2. 标准化营造

中国古代的木构架体系中，在平面上以"间"为单元，采取组合的方式形成了丰富多彩的建筑空间。北宋时期的《营造法式》将"材"作为造屋的尺度标准，"材"一经选定，整个木构架体系便得以确定。《清工部工程做法则例》以"斗口"为标准确定其他构件的尺寸，这样的做法将单体建筑简化为：以最小的单元为单位构成复杂的空间。

单元体自身的形式简洁并且可重复，构件可以采用标准化预制、装配式施工。在推广建筑"工业化"、大力发展"装配式"建筑的今天，单元体式建筑（结构单元体或建筑单元体）通过工厂化制作、现场安装的方式完成。标准化的营造，在节省时间、提高效率、保障施工质量的同时，还具有节能与环境保护的重大意义。

3. 广泛的适应性

铁路旅客车站、机场航站楼、展览中心等这一类公共建筑，其主体通常由开敞流动的大空间构成。对大空间采用单元化处理，化整为零，将结构体系分解为若干连续重复的结构单元，不仅大大降低了施工难度，而且能给人们带来适宜的空间尺度感和舒适性，同时创造出独特的空间效果。单元体形式的确定，除了结构因素外，还需考虑不同气候环境下的适应性，以及各种材料的合理选择。在单元体中结合自然采光及自然通风的建筑构造技术，易于实现被动式节能，打造绿色建筑。我们最终的目标，是通过对单元体的精细化设计，实现高品质的室内空间与环境。

四、铁路旅客车站应用实例

1. 太原南站

我们从2006年开始方案竞标，到2008年完成设计的太原南站，是我国新一代高铁站房中第一个采用单元体结构形式的铁路车站，于2014年建成并投入使用（图1、图2）。太原南站是石太铁路客运专线上最重要的枢纽站之一，是一座集铁路、城市轨道交通等多种交通换乘功能于一体的大型交通枢纽，总建筑面积为18.4万m^2。

中国现存最完整的唐朝木构建筑，几乎全部集中在山西。中国木构建筑灿烂辉煌的篇章——"唐风"建筑在山西得以完整保存。在太原南站设计创作中，我们对话历史文脉，重视地域文化的传承。太原南站站房主体汲取唐朝宫殿斗栱及飞檐的形象特征，并通过单元体结构表达，展现"唐风晋韵"的地域特色。在这里，我们的建筑创作立意，是通过"单元体"这把钥匙，打开通往传统建筑意象的地域文化之门。

图1　太原南站模型

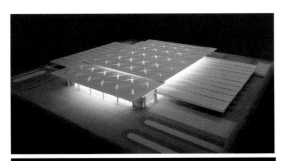

图2　太原南站模型

太原南站站房主体采用独树一帜的钢结构单元体，由48个平面尺寸为36m×42m的"伞"状结构单元组合而成，按进站厅、高架候车厅的空间次序共分为三组单元体。每个单元由X形变截面钢柱+沿柱肢方向伸展的大跨度悬挑钢桁架组成，每个方向单侧悬挑长度达到30m，每个单元体的覆盖面积为1512m²（图3）。这一结构形式属国内外首创。

太原南站的结构单元体结合采光天窗、顶部风塔，实现以被动式节能技术为主的绿色生态策略：结构单元体满足自然通风、自然采光及火灾发生时自动排烟的功能，同时具备建筑遮阳及吸声功能。从实际使用效果和现场实测结果看，室内空间的舒适度（包括声学环境）与传统车站相比大大提高，且节能效果明显。

图3　太原南站正面全景

"树"一样生长的钢结构体系为建筑空间的自由变化提供了可能性。太原南站在施工过程中,因为增加站场规模而引起了站房平面的扩展,通过增加两排单元体,设计修改及施工很容易地实现了,甚至没有因为突发的修改产生废弃工程。充分体现了单元体的灵活性和适应性。

太原南站单元体结构全部在工厂制作,再运至现场进行安装。为了满足构件制造、运输、现场吊装的施工条件,单元体被分成了几个部分进行加工制作及现场吊装。

2. 胶南站(方案竞标第一名,未实施)

胶南站,位于青岛市西海岸新区,为青岛至连云港铁路线的中间站,是国家铁路网"五纵五横"的重要节点站,站房建筑面积为6万m²,为大型站。胶南站位于黄海海湾之滨,城市环境极具特色。我们试图用单元体对滨海环境特色进行阐释。站房主体空间采用独特的拱形单元体,通透、轻盈、飘逸,宛如海浪波涛起伏。室内外空间随平面自然生成,在天地间划出一道道优美的曲线,向旅客传达着胶南半岛的海洋气息。

此起彼伏、错落有致的单元体,营造出具有变化的丰富的韵律感,同时还自然形成了完整的高侧窗系统,把阳光和海风引入室内,让旅客在室内也能够感受到青岛优越的自然环境和气候。

站房的连续拱形框架结构体系柱网尺寸为42m×30m,屋盖结构形式为钢拱框架+钢网壳结构,轻巧的结构体系与建筑形态完美融合,浑然一体。单元体依据站房功能自由生长、变化,适应站房分两期实施的需求。单元体屋面以单曲面模拟成双曲面,在满足建筑造型需求的前提下方便施工,并在使用功能与经济性上取得平衡(图4~图6)。

这样一个采用单元体结构形式的设计方案,和城市环境、气候条件相适应,极富地域特色。我们特别希望通过极富创造性的结构表现来带给旅客独特的空间体验。方案虽然得到专家一致肯定和铁路部门的认可,但遗憾的是,由于地方领导坚持选择了其他入围方案,我们的设计没有实施。

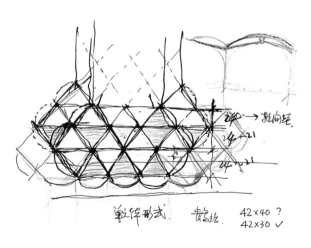

图4 青岛胶南站方案设计草图

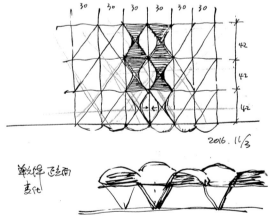

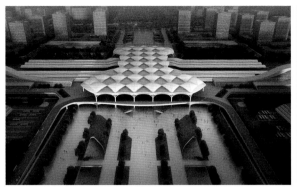

图5　青岛胶南站鸟瞰图　　　　　　　　　　　　　　　　　　图6　青岛胶南站室内透视图

3. 随州南站

随州南站位于湖北省随州市城南片区，是湖北最美高铁线路——汉十高铁的一个重要节点，境内洛阳镇是世界四大古银杏群落之一，有"千年银杏谷"的美誉，现有百年以上古银杏树1.7万株，千年以上308株（图7、图8）。2003年随州银杏林以17.14km²的面积入选国家自然保护区名录。特殊气候条件产生了独特的生态景观，随州千年银杏聚落，与周边丘陵、湖泊、农舍有机融合，每逢仲秋时节，银杏树下，金叶纷飞，呈现出"山屏树伞下，农家小院忙"的田园风光，成为旅游者心中的世外桃源。我的母校天津大学新校区内栽种的银杏树就来自这里。

随州南站设2台6线，站房建筑面积2.8万m²，为中型站。站房建筑造型以银杏叶的基本形态为切入点，将叶片形态与结构形式巧妙地融合成单元体。车站主体空间由单元体组合而成，形成了极具辨识度的建筑形象。通过抽象地表达"银杏"这一地方元素，柔和了人工与自然的边界，使人感受到建筑的自然之美。单元体采用半透明膜材料包裹，同时顶部引入自然光线，光线透过腔体在室内形成晶莹剔透的发光体，为旅客候车、休息带来了生动丰富的空间体验。车站以现代的手法展现出随州独有的自然特色，是在现代城市文脉语境下的一次尝试和探索。

我们在进行概念方案设计时，通过对银杏叶片的抽象与重构，对结构体系进行了多方案比较。刚开始

图7　随州银杏谷风光　　　　　　　　　　　　　　　　　　　图8　随州银杏谷银杏叶

采用单个相对独立的单元体模仿银杏叶形状，形成伞状的结构体系，得到构成空间的基本"叶片单元"。每个单元尺寸为27m×24m，覆盖面积约648m²，采用24个完全相同的叶片状单元体建构成站房主体空间。在实施方案过程中我们进行了简化和优化：每4个小单元合并为一个大的单元，形成6组单元体，结构更为合理，同时也降低了建造施工难度，有利于控制建造成本。

建成后的随州南站完全实现了我们的设计意图。富有韵律的自然曲线、轻盈灵动的室内外空间，使建筑室内外空间浑然一体。叶片状单元体集建筑、结构、天然采光于一体，摒弃了繁冗的装饰。透光膜内的结构杆件，犹如树叶纹理，隐喻自然，体现结构之美（图9）。

通过分布均匀的单元体顶部天窗实现天然采光，通过透光膜的过滤产生柔和的漫射光，完全避免了眩光和阳光直射，室内照度也更均匀。阳光透过顶部天窗洒落在"叶片"单元体腔内，光线漫射形成一个个金色发光体，营造出"银杏树下，金叶纷飞"的空间意向，完美展现了叶片温润、通透的质感。天然光线的引入，使建筑空间生动而富有生命力（图10）。夜间则通过设置于透光膜腔体内的LED灯点亮形成发光体，类似于中国传统的灯笼。室外落客平台上方的金色银杏叶，取代了常用的投射灯室外泛光照明，也传达出中国传统屋檐下"灯笼"的意蕴，进一步增强了车站的标识性和引导性。

这种空间效果的形成，关键在于覆盖在单元体外侧的ETFE膜材的性能。我们确定了70%的透光率、漫反射、金色这三个基本要素，无论在光照充足的晴天或是光线不足的阴天，都能持续为候车空间提

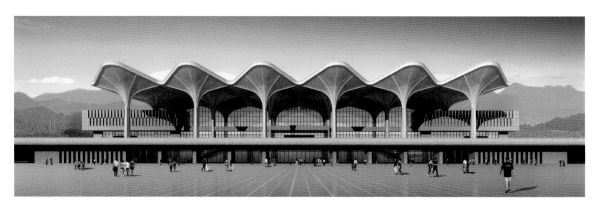

图9　随州站立面图

图10　随州站室内透视图

供柔和而充足的光线。刚开始寻求这种膜材的结果是令人沮丧的，能找到的供应商，都不生产这样的膜材。国内不生产，国外有类似的金色膜材，但透光率只有30%，达到70%透光率的只有白色。工期紧没有时间等待，我们孤注一掷，要求厂家直接生产一种新产品：70%透光率、金色和满足施工工艺良好的材料性能。德国生产商第一次生产我们要求的这种材料，也有些举棋不定。经过长时间的沟通，

在最后关头，德国ETFE膜材生产商答应为我们定制这种材料。时间不等人。在最终的材料到来之前，我们在现场做样板，选用除了颜色外其他性能相同的白色膜材，推敲施工工艺，探索现场施工的细节问题。

事实上，当材料问题解决后，现场施工又是一个难题，关键在于膜材的张拉。ETFE膜材拥有良好的耐久性、阻燃性及透光性能，但是对拉力和温度变化较为敏感，目前全球范围内，大跨度单层ETFE膜结构分析设计与工法研究尚未完全成熟。为保证"叶片"最终形成饱满、光滑的曲面形态，项目团队需要对索网系统和膜材的张拉有着极其精准的控制。我们和施工单位一起联合大学科研团队，深入研究膜材力学性能及索膜受力体系专项技术，依托BIM技术及3D现场扫描技术，对相关节点及构造进行了多处优化创新，形成了一整套技术措施，精准地完成了"叶片"各部分组件的设计与安装。

当你乘车来到随州南站的入口处平台，仿佛置身于银杏树的丛林，这个挡风遮雨的半室外空间会给你留下深刻印象。当你走进随州南站，令人舒适的柔和均匀的天然光线透过"银杏叶片"散发出来，没有阳光直射，也不产生眩光。候车大厅非常安静，语音广播格外清晰，完全没有其他火车站常见的噪声困扰，这得益于表面积超过1万m²单元体的膜材所具有的良好的吸声效果。中国新一代高铁车站，高品质的空间体验是我们始终追求的设计目标。

最终，"银杏叶片单元体"成为整座建筑中令人印象最深刻的部分，富有韵律的结构单元、柔和的光线、温润的质感，模糊了人工与自然的边界，诠释着"天人合一"的东方传统哲学思想。设计过程虽然艰难，但创新能带给建筑师获得感。

五、结语

建筑师匠心的体现，是在"立意"与"形式"之外，对建筑技艺的认识、把握和应用。只注重"立意"与"形式"的建筑创作，往往会变成空洞的对建筑形式的表现，缺乏内在生命力。

随着我国铁路和城市建设的日益发展，新一代铁路旅客车站大量出现，这一盛况还将持续多年。通过对以上几个铁路车站的实例分析，我们可以看到，采用结构单元体这一形式，具有较好的适应性，能够创造出丰富多彩的室内空间和建筑形式。

（1）真实

结构即空间、结构即建筑、结构即形式。单元体的这种真实性不仅反映在建筑的内部空间，也能充分体现在外部形态上，实现结构形式、空间效果、建筑形态三者完美融合。

（2）高效

采用结构单元体是一种高效的建造方式，可实现建筑工业化。结构单元具有模数化与标准化等特点，大部分构件均可预先加工，进行现场安装，提高施工效率。

（3）生态

结构单元体与绿色建筑技术一体化，结合建筑所在地的自然环境与气候特点，大有可为。例如，将单元体与建筑遮阳、自然通风、自然采光等被动式节能技术相结合，形成具有生态意义的绿色建筑单元体。

（4）审美

真实性与合理性会带来美感。单元体的重复产生了韵律、秩序和真实感。在铁路旅客车站这一类大空间建筑设计中，这种生动的韵律美感，带来全新的极富特色的视觉感受。

（5）文化

"一个好的本土建筑不仅仅是属于中国的，也是这个城市的，更是属于这个特定环境的"[1]。我们通过单元体来实现建筑技术与传统文化、城市文脉的融合，即从文化的角度寻找中国本土建筑的"基因"。

把建筑空间及形式的意向，通过结构单元体的表达，充分运用现代建筑技术来实现，达到"实用、经济、绿色、美观"的目的——即结构单元体"意、形、技"的逻辑。

1 崔愷. 本土设计[M]. 北京: 清华大学出版社，2008。

结构即空间，结构即建筑

——以结构逻辑为主线的铁路旅客车站空间塑造[1]

Structure Is Space，Structure Is Architecture：
Space Shaping of Railway Station Based on Structural Logic

当今中国正在经历高铁时代，数量巨大（规模宏大）的铁路客站还在持续建设之中。在车站功能、旅客流线相对稳定，车站空间日益开放的今天，如何避免千篇一律的建筑空间形态和建筑形式，如何避免"立面"的表皮化设计，怎样创造有特色的建筑空间，成为我们进行车站建筑创作的一个出发点。

在这样的背景之下，如何避免千篇一律的互相模仿，如何创造出具有鲜明个性特征的客站？在建筑创作过程中，我们试图找到这样一个途径：通过把握结构形式与空间的整体关系，把对结构形式的表达作为建筑表现手段，即用结构表现建筑，把结构形式作为建筑创作的出发点，创作出具有个性特征的铁路客站。

一、当代铁路旅客车站空间设计的困境

舒适便捷的高速铁路扮演着越来越重要的角色，人们的出行方式发生了天翻地覆的变化。高铁时代改善了旅客的出行体验，推动了经济的发展。大规模快速建设背景之下，铁路客站设计上也面临一些困境。其中，单调的建筑空间和雷同的建筑外观反复出现，缺乏个性，甚至成为网络上大众吐槽的对象。

日趋标准化的旅客流线模式，形成程序化的建筑空间与尺度，成为车站建筑相类似甚至雷同的客观原因。但问题的关键是：建筑师习惯性地重视立面效果，忽视对建筑内部空间特色的营造，使车站失去内在的个性；建筑师对结构体系的漠视或创新不足，则造成铁路客站内部空间的单一化，造成车站外观的"表皮化"和"风格化"，也造成内部空间、结构体系与建筑外形的不协调，即我们通常说的"两层皮"。

二、车站构型与空间特点

1. 基本站型分类与空间特点

由于客运量的不断增加，新一代的铁路客站规模较大，站房主体的功能和空间形式相较于传统的铁路客站也产生了较大变化。按照建设规模，可将铁路客站划分为特大型、大型和中小型三类（表1）。特大型铁路客站规模巨大，一般采用高架候车布局，其交通组织形式主要为在高架层"腰部进站"或"端部进站"。例如2014年投入运营的杭州东站，站房主体采用的是巨型空间桁架结构体系，充分体现力学之美。屋盖完全覆盖四周的落客平台，自然形成了全天候的旅客进站空间和充满动感的建筑外观（图1）。

大型铁路客站广泛采用线侧进站和高架候车相结合的方式，线侧为与站台同一标高的进站广厅，候车厅则位于站台上方，在不同标高形成两个空间，候车大厅更完整。例如太原南站和长沙南站就是这一类型

1　原文发表于《建筑技艺》2018年第9期（总第276期），本篇略有修订。

规模	布局模式	空间特点	举例
特大型		候车大厅和进站大厅的设置没有明显分割或空间界限，一般位于同一层平面或空间之中，形成开阔的站房内部空间。反映在外部形式上，能够形成完整统一的建筑体量。	杭州东站、郑州东站
大型		候车大厅和进站大厅根据功能的不同分开布置，往往处于不同的楼层平面中。在造型上，根据内部空间功能的不同往往富有层次的变化。	太原南站、长沙南站
中小型		由于规模较小，候车大厅和进站大厅均在线侧布置，或上下层布置。空间无明显界限。	衡阳东站、衡山西站

（图2）。小型铁路客运站由于规模较小，功能比较单一，布局方式多采用线侧式布局，进站及候车多在同一个空间，空间形态往往比较简单，如衡阳东站、衡山西站（图3、图4）。

2. 结构形式创新

大型、特大型铁路客站往往采用大跨度的空间结构体系，建筑师从结构选型出发，寻求技术先进、经济合理、安全可靠的新型结构体系，进而塑造全新的建筑空间形态。铁路客站结构体系的特点体现在以下几个方面：

（1）一体化大空间，发挥屋面形式在建筑空间围合中的决定性作用并对旅客进行空间引导；

（2）新型结构形式，如单元体结构、双曲面结

图1　杭州东站（特大型站）

图2　长沙南站（大型站）

图3　衡阳东站（中型站）

图4　衡山西站（小型站）

构、超大跨度结构等，同时采用新型材料和施工技术；

（3）结构体系直接反映建筑空间，摒弃多余装饰，表现结构内在逻辑和技术美学。

把结构作为建筑空间形态的表现主体，要求建筑师掌握多种空间结构类型的特点，积极参与对新型结构体系的研究，最终实现对结构形式的把握和创新应用。

我国当代铁路客站快速发展的成果显示，不少铁路客站设计都在结构方面做出了有益的探索。例如，杭州东站主站房采用巨型空间桁架结构体系，主站房屋盖南北连续主跨280m，最大跨距81m，通过桁架结构体系在纵向上的排列组合，创造出体现结构力学之美的轻盈屋盖，充满动感和未来感；郑州东站78m大跨度结构形成"城市之门"的形象，巨型平面桁架同时作为幕墙系统支撑体系，主体结构与建筑形态实现了完美结合，同时创造出开阔的内部空间，充分体现出结构力学之美（图5）。

三、实例分析

以结构逻辑为主线来实现建筑空间和形态，我们完成了一批极具特色的铁路客站。

1. 单元体结构

太原南站站房主体采用独树一帜的钢结构单元体结构体系，是国内铁路客站中少有的、典型的钢结构单元体大空间交通建筑。我们在方案设计阶段提出单元体结构形式，通过单元体结构的排列组合形成大空间，在深化设计过程中，优化单元体结构并演变成"建筑单元体"，将太原"唐风晋韵"的历史文脉与现代建筑技术巧妙结合，形成极富魅力的内部空间形态。

单个结构单元体尺度达到43m×36m，覆盖面积超过1500m²，结构单元体排列有序，受力明确，关系清晰。这种清晰的结构逻辑关系不仅反映在建筑

图5　郑州东站72m跨度的"城市之门"

的内部空间，也充分体现在外部形态上，实现结构形式、空间特色、建筑形态三者完美的融合，充分体现了结构的真实性及合理性。除此之外，单元体采用标准件制造，现场安装，施工方便快捷。

随州南站是我们设计的另一个采用单元体结构的站房，位于随州市城南片区，是湖北最美高铁线路——汉十高铁的一个重要旅游目的地车站。境内洛阳镇是世界四大古银杏群落之一，有"千年银杏谷"的美誉。

站房建筑造型以银杏叶的基本形态为切入点，将叶片形态与结构形式巧妙融合，车站主体由结构单元体组合而成，形成了极具辨识度的建筑形象。通过引入"银杏"这一元素，柔和了人工与自然的边界，使人感受到建筑的自然之美。单元体外部采用半透明张拉膜，引入自然光线，光线透过腔体在室内形成晶莹剔透的发光体，为旅客候车、休息带来了生动丰富的空间体验。

2. 树状结构

位于浏阳河与湘江之间的长沙南站具有灵动的建筑气质，如山似水的波形曲线，形成独特的建筑形式与内部空间。站房波浪起伏般的巨大屋顶，是与长沙这座国家山水园林城市"山水洲城"独特地域环境的共生。

长沙南站以树枝状钢结构体系作为重要的建筑表现方式。在波浪形屋顶之下，树枝状钢结构在空间内自由生长，这源于建筑师对树木生长的深刻印象。巨大的屋面由室内外树形柱支撑，树形柱上部逐级分开，形成传力明确的结构体系。我们通过对树状结构体系的表现，传递出基于力学特征的形式之美，进一步增强了建筑的艺术感染力，给旅客带来独特的空间体验。而主入口的一对"树"形柱，间距达到126m，支撑起站房落客平台面积约12000m²的屋面，为旅客提供遮风避雨的半室外空间（图6）。

在站台雨棚的设计上，也同样采用树形支撑柱的设计，波浪形韵律变化的雨棚屋面与树形柱的"森林"，柔化了站台空间，减少了压迫感，同时也呼应了站房主体（图7）。

3. 大跨度空间结构

大跨度空间结构成为大型枢纽站常用的形式，带来一体化的大空间。襄阳东津站为线上高架站房，是襄阳东津新区的标志性门户。我们以"一江两岸，汉水之城"为创意出发点，提炼地域文化之精髓，演绎古城门户之意象，突出交通枢纽简约流畅的建筑风格。

主站房屋顶采用大跨度空间网格结构。屋面虚实相间，中部以隆起的采光天窗寓意"一江两岸"的建筑格局，采光顶南端倾泻而下，与主入口弧形雨棚互为延伸，一气呵成，并与两侧玻璃幕墙自然围合，表达出中国传统大屋顶的建筑意向（图8）。

立面以深远的倾斜屋檐营造出"襄阳之门"大气恢宏的建筑形象，结构实现空间的大出挑并保障稳定性。结构形态充分展示，形成自然的建筑空间和"立面"。高架候车厅结合中央网架，以波浪起伏的顶棚打造出室内外一体化的流线肌理，营造出个性化的候车环境。室内空间跟随结构，形成流畅的动感形态（图9、图10）。

4. 其他结构形式

张家界西站是黔张常铁路和张吉怀铁路上最大的枢纽站，以"奇峰叠翠，廊桥百里"为设计理念，充分借鉴并提取当地自然风貌特征和民族传统符号语言，用现代建筑的设计手法重新演绎，整体形象凝练大气，与自然环境和谐共生。建筑创作重构当地传统建筑的坡屋顶，又似廊桥百里，充分展现出旅游城市

图6　长沙南站落客平台

图7　长沙南站站台雨棚

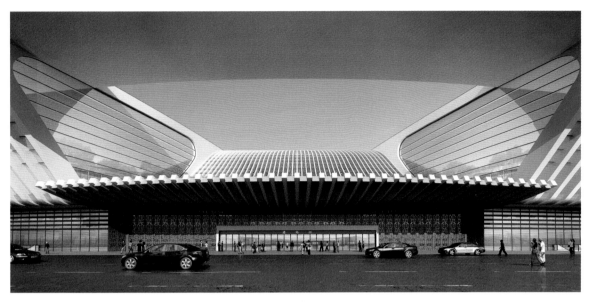

图8　襄阳东站主入口透视图

图9　襄阳东站进站广厅渲染图

图10　襄阳东站候车厅渲染图

图11　张家界西站进站天桥及站台雨棚

特有的地域文化气质。结构设计借鉴了地方传统民居干阑式建筑结构的特点，通过"拆解重构"，体现传统木构神韵。

在进站天桥屋盖的设计中，采用拱形单层钢网壳结构，放弃吊顶装饰，将极富韵律和美感的结构构件全部外露，以此展现带有地域文化特色的建筑风格（图11）。

四、结语

建筑形态和结构密不可分。在铁路车站及其他类似的大空间中，建筑师通过结构体系本身来营造和表现建筑空间，给人们带来独特的空间感受，突显建筑与结构的和谐之美。在当代铁路客站设计中，我们遵循建筑形态真实地反映内部功能、结构形式及空间特质的原则，提出"结构即空间，结构即建筑"的设计理念，还原结构为建筑形式本身，强调结构技术美感，打破片面追求"立面效果"的思维方式，摒弃多余的装饰，最终达到结构、空间和建筑形式的完美统一。

站城一体化的理性思考

——兼谈杭州东站广场枢纽综合体设计策略[1]

Rational Thinking of Station-City Integration：
Design Strategy for Hangzhou East Station Square Hub Complex

一、引言

2018年5月28日，白岩松主持的央视"新闻1+1"栏目，焦点话题是"高铁很近，车站很远"，讲述了高铁车站和城市之间存在的一系列问题，尤其是车站选址和车站与城市交通的衔接问题，也对全国各地涌现出的"高铁新城"现象提出了疑问。节目中肯定了杭州东站及广场枢纽综合体与城市融合的设计理念。十年前，我们设计杭州东站站房的同时，也完成了杭州东站东、西广场枢纽综合体（以下把这两个项目合称为"杭州东站枢纽综合体"），探索了交通枢纽与城市相融合的策略，在站城一体化方面进行了初步探索和思考，对面临的问题给出了解决方案。从现在的使用情况看，基本达到了预期效果，推动了杭州"城东新城"的建设与发展。

交通引领城市发展，铁路交通枢纽与城市融合、协同发展，这一观念现在已成为共识。

二、项目概况

杭州东站枢纽综合体是以交通集散为核心，整合国家铁路、城市轨道交通、市内公共交通、长途公路客运、机场旅客服务等多种交通方式的换乘，实现无缝衔接的特大型交通枢纽，是杭州的东大门，与上海虹桥交通枢纽的高铁车程仅为四十多分钟，是形成杭州与上海"同城效应"的关键因素（图1）。杭州东站枢纽综合体位于杭州老城区以东的"城东新城"，紧邻钱江新城，是"城东新城"的核心。"城东新城"的城市建设与发展以杭州东站枢纽综合体为中心。城市规划的定位是形成车站与城市融合、进行一体化建设（图2）。

杭州东站枢纽综合体由铁路站房和东、西广场配套工程两部分组成，总建筑面积109.8万m²，其中站房32万m²，广场配套工程77.8万m²。值得一提的是，广场配套工程中地下工程面积达53.6万m²，超过三分之二，减少了地面建筑的体量和建筑密度（图3）。在这里，传统意义上的站前广场消失了，广场不只属于车站，不只是枢纽综合体的一部分，也成为周边居民和广大市民共享的城市公共空间，也可以说站前广场演变成了城市广场。

三、设计策略与思考

在杭州东站枢纽综合体设计过程中，我们积极响应杭州市政府提出的"以城市化带动工业化、信息化、市场化、国际化"的方针，全面贯彻"以公共交通为导向"的设计思想，采取"城市交通高效化、土地使用集约化、城市功能复合化、城市生态多样化"

---

1 原文发表于《建筑技艺》2019年第7期。

图1　杭州东站枢纽综合体区位

图2　以杭州东站为核心的"城东新城"规划鸟瞰图

图3　总平面图

的策略，将区域的交通优势转化为经济、社会和生态优势，充分实现"社会效益、经济效益、生态效益最大化和最优化"。

杭州东站枢纽综合体，一方面是城市的交通综合体，整合和完善城市交通功能；另一方面延展全方位的综合服务，最大限度地完善了城市功能。集约化的土地综合利用，促进了枢纽综合体、公共交通与土地的一体开发；我们依托城市轨道交通的便捷性，高强度地进行地下空间的一体化开发，在用地相对紧张的条件下，释放了地上空间，避免了过度聚集带来的一系列城市设计问题。

1. 站城一体化，最重要的是交通一体化

通过分析欧美、日本及我国香港的相关案例，我们不难得出结论：站城一体化，交通是最重要的核心要素。基于TOD（即以公共交通为导向的开发模式）理论的站城一体化实践，充分证明轨道交通是实现站城一体化的最有效途径。以杭州东站为例，自2013年投入运营以来，客流量已从运营初期的日均客流30万人次攀升至60万人次。根据客流数据统计，平峰时间铁路到达旅客大约有60%换乘地铁，节假日高峰时占比达70%以上。平峰时间地铁日均进出站客流约为19万人次，节假日高峰时超过30万人次，最高达38万人次。我国传统的火车站之所以成为城市"脏、乱、差"的代表，除了城市设计和车站管理水平的原因，最重要的原因其实也是交通一体化实现程度不高：旅客到车站主要依赖于拥堵的地面交通、交通换乘（尤其是铁路与城市交通之间的换乘）不方便、旅客不能快速疏解，多种因素一起形成被动的旅

客聚集，站前广场在高峰时段人满为患的场景我们记忆犹新。

交通一体化才能有效提高换乘效率。杭州东站采用立体的多方位、多层次的进出站旅客流线，形成了高效率的换乘流线（图4）。地铁、公交、长途、旅游大巴及BRT等全部设置在地下一层（铁路旅客出站层），共享换乘大厅，出租车上客点则直接与出站厅相邻，换乘空间导向明确，旅客步行距离简短。

交通一体化才能实现交通枢纽与城市交通体系的整合。我们把铁路交通枢纽纳入到整个城市的交通体系之中，通过专项的城市交通设计与评估来解决所面临的问题。我们在设计过程中采取了如下策略。第一，我们将"城东新城"外围四条快速路改为高架道路，分离过境交通，大大减轻对地面交通的压力。据测算，通过高架道路分流过境车辆，大约增加了每小时6000标准小汽车的"机动车集散能力"，意味着可以支撑杭州东站枢纽新增100万~120万m^2的建设量。第二，调整路网结构，采用"小街区、密路网"的方格网状道路格局，使枢纽成为城市的一个"自然街区"，地面交通向四周城市道路快速疏解。第三，把庞大的地下停车场（地下三层停车位3600个）和下穿铁路站场的城市快速干道直接连通，形成快进快出条件。第四，我们重视枢纽与地铁的"无缝衔接"，两条地铁线直接位于车站正下方的地下一层，换乘便捷。第五，我们完善了枢纽周边慢行系统，专门设置从地下穿越铁路站场的非机动车道及人行道，联系车站东西广场，化解铁路路基对城市的分割，解决步行、非机动车及公交车的通达性问题。城市慢行系统长久被忽视，正是形成车站"孤岛效应"（即用地狭小、业态单一、交通拥堵、可达性差）的主要原因。

充分利用交通枢纽综合体的一体化交通优势，建立高密度的、混合功能的"紧凑型"城市，是城市实现高质量发展的必由之路。

2．站城一体化，必须是功能一体化

杭州东站枢纽综合体是"城东新城"的核心，是整个新城的一个核心街区，这改变了以往铁路分割城市的传统，枢纽与城市的关系更为密切。枢纽的开发建设由"封闭、割裂、单一功能"的模式向"开放、融合、复合功能"的模式转变。杭州东站枢纽综合体突破单一的交通功能，依托交通的便捷性，在强调集约土地综合利用的基础上，扩展城市服务功能。枢纽综合体主要由两部分功能板块组成。一部分为交通服务设施，包括市域短途客运、公交枢纽站、地铁站、出租车服务中心、机场登机手续办理等，主要设置于地下一层；另一部分为城市配套服务设施，包括物流展示、星级酒店、购物中心、商务办公、餐饮服务和休闲娱乐等，主要设置于地上。杭州是著名的旅游目的地，综合体设置了旅游集散中心，提供完备的一站式服务。在以枢纽为中心的800m范围内，布置有高密度居住区，形成了事实上的混合功能，使得枢纽综合体的配套服务设施为周边居民所共享。

站前广场按城市公园进行设计，以绿化为主，结合地铁及地下商业部分的出入口，功能向地下空间延伸。由于环境品质高，服务设施齐备，广场已成为受市民欢迎的休闲娱乐场所。西广场第二期向西延伸，与规划中的运河公园相连通，形成枢纽与城市公共空间的一体化（图5）。

3．站城一体化，必须是环境一体化

杭州东站枢纽综合体注重生态效益的最优化，枢纽综合体与城市空间和生态景观系统高度融合。一体化的生态景观系统，从枢纽广场地面渗透到地下空间：上层景观为站前广场地面层，流动空间和丰富的绿化景观构成了城市公园；下层景观以下沉广场的庭院景观为主，四季花草和浅水面构成了具有杭州园林

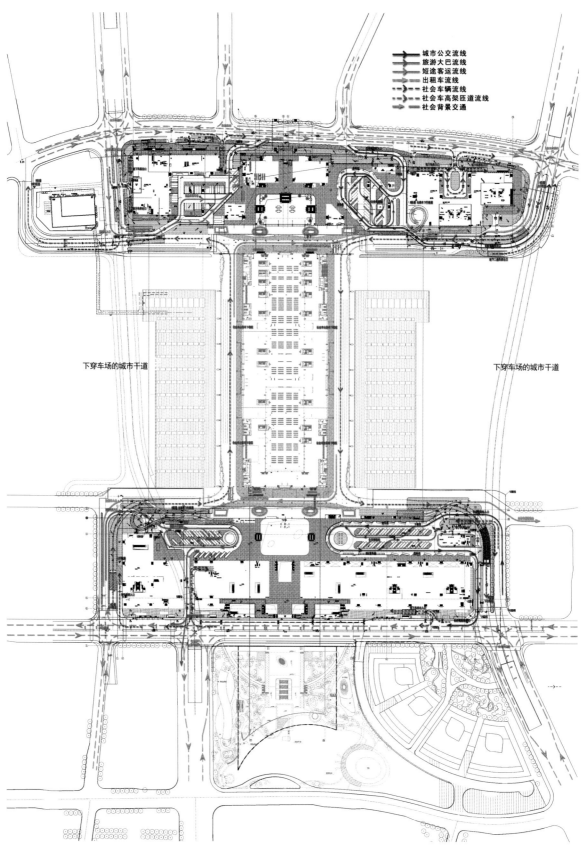

城市公交流线
旅游大巴流线
短途客运流线
出租车流线
社会车辆流线
社会车高架匝道流线
社会背景交通

下穿车场的城市干道   下穿车场的城市干道

图4 总体交通流线分析图

92

图5　杭州东站枢纽综合体东广场立面图

特色的生态景观。地下空间因为多个下沉式广场的嵌入，自然通风及采光良好，改善了地下空间品质。枢纽西广场跨越城市道路延伸至运河公园，运河公园内的水面、坡地林带和观光平台构成丰富的立体景观，成为枢纽综合体的后花园，形成吸引人的城市公共空间和宜居环境（图6、图7）。建成后的杭州东站枢纽综合体，颠覆了人们印象中铁路车站广场及周边环境的固有形象。以往的环境"孤岛效应"消失了，铁路车站成为高品质的城市生态环境的重要组成部分。

4. 站城一体化，难点是经营一体化

我们的城市经过一轮又一轮的重复建设和反复"折腾"，呈现出无限蔓延、无序扩张的形态，随处可见的"新区""中心"造成土地资源和建设资金的浪费。其背后有一个重要原因，是城市经营管理理念的严重滞后，是多方协调机制的不完善。站城一体化带来了改变的契机，但难点也在经营管理上，不能统一协调的问题一直存在。铁路车站及周边土地的开发建设，铁路部门和地方政府之间的博弈，造成了各自为政的局面：各划一块用地，各得一块利益，铁路的归铁路，地方的归地方，楚河汉界，泾渭分明。所以，站城一体化在技术上实际上没有太大障碍，但在建设程序和运营方面存在严重的羁绊，表现为：经营管理不在同一个业主手上，互为掣肘，投资方不一定能成为经营受益方，在实施过程中就会遇到极大的障碍。所以说没有一体化的建设和一体化的经营管理，站城一体化的目标几乎是很难实现的。体制的制约成为难点和痛点。也许日本的经验值得借鉴：铁路部门与地方政府成立公司进行联合开发。当然，根据中国国情，由铁路部门全权委托地方政府投资建设、统一经营和管理，也是一种出路。

图6　杭州东站枢纽综合体西广场延伸至城市公园

图7　杭州东站枢纽综合体局部实景照片

四、问题与思考

（1）站城一体化不是新概念，美国、欧洲、日本及我国香港一直以来都在实施。尤其是日本及我国香港，在城市更新与改造过程中，其所积累的站城一体化的经验值得我们学习与借鉴。但我们不能直接"生吞活剥"地套用，要因地制宜，活学活用，量力而行，走具有特色的站城一体化之路。把交通枢纽纳入到城市规划甚至是"城市群规划"的大体系中，而不是仅限于高铁片区或"高铁新城"。其中包括资源的合理分配和适度聚集、城市交通体系的整合、复合功能的构成，等等，都需要从宏观上整体把握。

（2）"站城一体化"不是一个简单的口号或设计方法，站城一体化是一个复杂的系统工程，也需具备客观条件。首先是铁路客站的区位。位于城市中心或位于老城区与新城区之间的客站，往往具备较好的条件。其次是铁路客站的规模与属性，区域性的大型交通枢纽且有较大的旅客换乘量，也具备一定的条件；还有另外一种情况，就是位于密集居住区的站，如香港九龙站和西九龙站。现在各地方一窝蜂地建设"高铁新城"，会不会打着"高铁新城"的旗号进行"圈地运动"，沦为重复的低水平的房地产开发呢？令人担忧。

（3）站城一体化需要突破体制和管理体系的制约。在铁路车站及周边开发建设的管理上，国家铁路和地方铁路，在行政管理上还没有实行一体化，在建设和运营方面的主权不一致，责任主体经济利益划分不明确。在运营方面，交通建筑本应以方便旅客为目的，但事实上很多车站是以方便管理为主。例如某特大型站，高架车场下方停车场的面积差不多有20万m²，可以容纳公交、长途汽车及社会车。在初步设计里，我们已经将交通流线、设备系统、照明系统多做了相应的统一设计，可是实施运营的公司不止一家，每家公司都按照自己的管理模式建设停车场，大量采用不锈钢栏杆进行围挡，致使停车场内部交通流线混乱，旅客出行不便，这是多头业主的矛盾，也是行政管理体系和运营体系长期存在的问题。这一矛盾由来已久，成为车站高效率、高水平运营的桎梏。解放思想进行改革已迫在眉睫，如果不能形成经营管理的一体化，站城一体化将举步维艰。

站与城：城市更新背景下的站城一体化[1]

Station and City：Station-City
Integration Under the Background of Urban Renewal

21世纪以来，中国的城市化进入了持续的城市更新进程，城市更新逐渐由增量更新转化为存量更新。新的时代背景之下，城市的发展模式发生了深刻变化，必然会产生新的城市更新路径。中国高速铁路的建设，催生了大量的新一代高铁交通枢纽，这为城市更新带来了新契机。日本和我国香港几十年所积累的经验值得借鉴，TOD模式下的"站城一体化"将成为城市发展的新动力。

一、传统铁路客站的"孤岛效应"

新中国成立之后，我国进行了大规模的铁路建设，铁路客站成为城市的门户，选址大多数在城市中心区，这在很大程度上决定了后来的城市规划与建设。受多方面条件制约，铁路路基"既不上天也不入地"，横亘于城市之中，客观上形成对城市空间的分隔，限制了城市空间的发展，甚至会形成明显的城乡分界线。铁路客站一度成为城市中的"孤岛"：可达性差、商业潜力不足、城市功能和业态单一。最大的问题在于：随着城市及车站的交通流量日益增大，车站周边城市干道不堪重负。这一问题在20世纪末至21世纪初的几年特别突出。

20世纪六七十年代，我国各城市建设的火车站大都是功能单一的交通建筑，采用线侧式布局，即只在铁路站场的一侧布置站房，铁路路基限制了城市的

发展方向。火车站面对城市的一侧就是城市中心，而另一侧是农村和郊区，只因为隔着铁路站场和铁路路基。这种泾渭分明的现象出现在多个省会城市，例如老的太原站、长沙站、汉口站、杭州站，等等。半个世纪前的这些火车站，铁路路基和车场标高往往高出地面三五米，对城市空间形成的分割很明显。城市卫星图片非常真实地记录着铁路分割城市的状况：铁路客站设置在铁路车场的一侧，形成线侧式站房和站前广场，这一侧成为城市建设与发展的中心区域；而铁路车场的另一侧，则直接变成了郊区，几十年都没有发展（图1、图2）。铁路车站作为城市最重要的公共建筑，在单向地辐射城市。

城市的单向发展对铁路客站尤其是交通枢纽也是非常不利的，每个案例都一样，没有例外。城市主干道因为车站交通流量的叠加，在车站周边产生的交通拥堵成为常态，几乎成为解不开的死结。因为交通问题，太原站多次进行站前广场和道路的整改，但是几乎都没有太大改观。交通得不到改善，车站依然还是闹市之中的孤岛。

二、城市更新：TOD 与"站城一体化"的现实逻辑

TOD（Transit Oriented Development），即"以公共交通为导向的开发模式"，也可以说是一种

1　原文发表于《华中建筑》2021年第4期。

图1　汉口站2000年

图2　长沙站2002年

以交通枢纽和商业区"双核"为中心的一体化开发建设模式。过去的三十多年，在我国香港和日本进行的TOD模式的城市建设，有效地促进了城市更新与持续发展。高度发达形成网络的公共交通体系，尤其是快速轨道交通，是实现TOD的最重要因素和先决条件。TOD的开发思路为：加强土地的混合使用和集约利用，实现交通优先条件下的城市功能聚合，提高各类基础设施的利用率，产生聚集效应，同时也解决城市无限蔓延和交通拥堵的问题。

TOD模式下的"站城一体化"，是资源的整合和优化，使车站与城市的整体开发与建设有序进行，资源高效利用，实现"社会效益、经济效益、生态效益"的最大化与最优化。"站城一体化"要求城市公共服务空间最大限度地靠近车站，两者有机融合，无缝衔接，资源共享，共同组成极富活力的枢纽综合体。购物、餐饮、休闲、展示、旅游服务及多种文化设施，由城市与车站共享，形成以车站为核心的枢纽综

合体；从更大的范围来看，在交通枢纽辐射范围内，商业服务与金融中心、会议中心，以及企业总部、商务办公、酒店等，与城市之间形成了功能融合。

太原站扩建工程项目，是我们在有限的条件下实施上述策略的一个案例，针对太原站长期存在的问题，采用TOD理念进行城市更新（图3~图5）。太原站是20世纪70年代具有代表性的省会城市铁路客站，位于城市中心，随着城市交通量的不断增加，城市主干道不堪重负，造成车站交通拥堵、可达性差，环境也不理想。虽然人流量巨大，但商业服务设施业态单一，对旅客和市民缺乏吸引力。这种铁路客站的"孤岛效应"，在各大城市普遍存在。

太原站在站场东侧扩建，首先解决的是交通问题。通过增加下穿车场的道路分解西侧老站房的交通压力，除保留少量社会车和出租车外，包括公交、长途在内的大量交通转移到东侧，加上地铁的引入，使东侧新建站房分解超过70%的旅客交通总量。

图3　太原站2002年

图4　太原站2005年

图5　太原站2017年

交通流线规划围绕车站形成单循环的道路系统，联系东、西两个广场，疏解老站房交通的同时也加强了城市东、西两侧的交通联系。增设连通东侧广场的地下人行通道和人行天桥，进一步完善步行系统，则是我们对城市规划提出的建议（图6）。

太原站东侧扩建在解决好交通"可达性"后，获得完善商业服务功能的机遇，增强车站对旅客尤其是周边居民的吸引力。从车站周边调研分析图可以看到，站房东侧分布着大量住宅而商业服务设施不足，有着潜在的商业需求。为此，我们把东侧站房与商业服务设计成一个整体，即车站综合体，由公共交通带

来便利。在这里，书店、美食街、影院等各种服务设施都将成为市民的消费选择（图7~图9）。

三、站城一体化的枢纽综合体的基本特征

1. 功能复合化

以铁路站房为核心、高度融合城市功能形成的超级枢纽综合体，甚至可以成为城市的副中心。在枢纽综合体周边，包括居住功能在内的多种功能的聚集与混合，增强了枢纽综合体的辐射力，为城市增添活力。

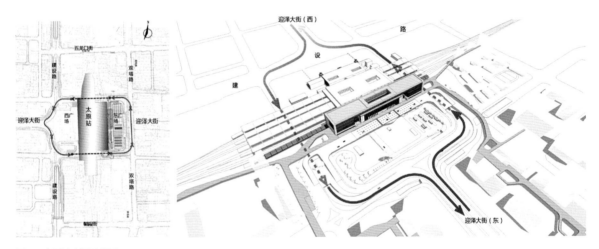

图6　太原站交通改造图

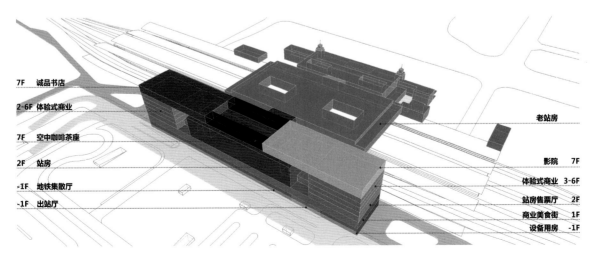

图7　车站综合体功能示意图

97

图8 太原站立面（红线部分为站房，2万m²；其余部分为公共服务功能，3万m²）

图9 整体鸟瞰图

案例分析：重庆沙坪坝综合交通枢纽。

2017年由日建设计主持设计的重庆沙坪坝综合交通枢纽，总建筑面积约48万m²，除了高铁、地铁、公交等交通功能之外，还提供办公、酒店、公寓等复合功能设施，从而打造集合交通与物业开发的复合枢纽（图10）。这样的站城一体化建设，关键在于铁路部门和民营开发商之间的合作。双方通过整体统筹，枢纽建设与整体开发有序进行。沙坪坝站作为成渝地区的重要交通枢纽，汇集了多条高铁线路和三条

图10 重庆沙坪坝综合交通枢纽

地铁线路，同时连通了南北的商住区、西边的大学和公园，使曾被切断的城市空间得以贯通。实现复合化的城市功能，交通的便捷性是一个决定性的关键因素：为实现高效换乘，将地铁、高铁、公交站及出租车场进行立体连接，并在其沿线及下方设置商业设施和自由通道，有效地减少了步行距离；步行网络系统的形成，衔接了周边原有路网，形成南北贯通的步行流线，增强了步行可达性。

沙坪坝综合交通枢纽是重庆第一个以高铁车站为核心的TOD项目，经过复合化的城市功能改造，已有的老旧商业街区获得再生。

2. 土地使用集约化

避免传统铁路车站的"孤岛"形态，车站与城市公共建筑的一体化，带来密集的建筑群的聚合，传统的大尺度站前广场消失，丰富的地上及地下空间取而代之，立体化多层次的TOD模式能更有效地实现土地使用的集约化。

案例分析：北京副中心综合交通枢纽。

北京副中心综合交通枢纽是北京城市副中心的重要交通枢纽和门户，位于北京市通州区，将建成一个几百万平方米的新城区，预计2024年底具备通车条件，将实现城市副中心1小时直达河北雄安新区、15分钟直达北京首都国际机场、35分钟直达北京大兴国际机场的捷运系统。

在京津冀一体化、首都城市结构调整、城市副中心全面建设的大背景下，副中心交通枢纽不仅将连接市域、区域交通大动脉，满足每天几十万人快速出行的需求，还将建设一座庞大的地下、地上一体化的未来之城，成为城市的公共空间，带来新的城市活力。这样的一个交通枢纽之所以呈现出商业区和枢纽站的复合模式，也正是地下、地上整体开发，集约化使用土地的结果（图11）。

图11　北京副中心综合交通枢纽剖视图

枢纽充分利用和拓展了地下空间，释放了地面空间，体现出站城融合的巨大优势，也最大限度地避免了轨道交通对城市空间的分割。设置于地下的轨道交通是这个枢纽的核心：地下一层设有城际铁路和地铁进站厅，出租、网约车的落客接驳场站，以及城市公共服务空间、非付费区换乘通道；地下二层为城际铁路候车厅、出站厅，地铁6号线站台，以及服务三条地铁线的换乘厅；地下三层为城际铁路、市郊铁路和规划平谷线、地铁101线站台；此外，还利用夹层空间，设置东西两处公交场站。建成后每天将有超过45万人的旅客流量。

通过共享大厅把阳光引入地下的候车厅和站台，形成开敞通透的地下空间，地面完全还给了城市，车站和城市在空间上、功能上实现最大程度的融合。在枢纽内部，铁路和地铁的换乘不出站便可直接进行。枢纽的地上部分将建成北京东部最大的商业中心，还包括写字楼群和其他公共服务设施，将形成整个副中心区域的活力核心。设置于二层的步行平台，将跨越东六环西侧路、芙蓉路等道路，"贯通"地上主要建筑，实现人车分流。市民甚至可以通过步行平台，直达北运河码头和绿地公园。

3. 漫游系统网络化

一方面，依托城市轨道交通实现无缝对接，摆脱市民对小汽车的依赖，避免交通拥堵，提高可达性；

另一方面,通过建设简洁明了的步行网络和非机动车道,形成自由的慢行系统,增加社区人群对枢纽综合体服务设施的使用依赖度。

案例分析:香港西九龙站。

香港西九龙站,位于香港西九龙油尖旺区,邻近西九龙文化区,为广深港高速铁路香港段南端的终点站,连接广东省深圳市福田区的福田站。香港西九龙站总建筑面积43万m²,总占地面积11万m²。西九龙站为全地下站,乘客大厅和站台均位于地下20~30m。因此车站地上建筑及广场与城市完全融合,成为重要的城市公共空间(图12、图13)。站前公共广场面积近9000m²,广场绿化面积达到3万m²,绿化空间延至北面公交站区(图14)。跨越柯士甸道的平台上,提供由车站到水岸的漫游空间。最引人注目的是,漫游空间一直延伸至车站屋顶之上,俯瞰西

九龙港湾(图15)。得益于地铁、公交的接驳,更依赖于完善、自由的慢行系统,西九龙车站不仅仅是一个交通枢纽,更是一个公共中心。人们在这里购物、聚餐、流连于车站的宽敞中庭或者登高欣赏风景。户外的大型市民广场,也引进了西九龙文化区的气氛。西九龙站与相邻的九龙站、柯士甸站形成了香港最重要的轨道交通枢纽,同时最大限度地尊重和重新塑造了城市公共空间,成为西九龙文化区的重要组成部分。

4. 城市环境生态化

站城一体化的交通枢纽促进土地的集约化使用,可有效降低枢纽综合体周边的建筑密度,公共绿地面积得到保障,生态系统的修复得以实现,这将形成吸引人驻留的绿色生态环境,增加交通枢纽的凝聚力。

图12　香港西九龙站

图13　香港西九龙站总平面图

图14　香港西九龙站广场

图15　香港西九龙站屋顶游览步道

四、结语

站城一体化，首先是发展理念的问题。当今中国城市发生了翻天覆地的变化，对于铁路车站与城市的关系，我们已经认识到，仅满足单一的铁路运输功能是远远不够的。铁路车站必须和城市协同发展，一体化建设与开发，这成为必然的选择。

站城一体化，也是城市发展模式的问题。我们现在已经看到了积极的一面，站城融合、多元复合已成为共识。铁路客站的选址也更谨慎，地方政府的配合与诉求更积极有效，站区规划与城市设计的衔接也更加充分。以铁路交通枢纽为核心，以轨道交通为支撑，重塑城市结构，形成城市更新的新格局。站在城市发展的高度上，深层次的问题还需要我们进一步厘清：站城融合对中国城市发展的终极意义是什么？由谁来主导？能够融合到什么程度？

站城一体化协同发展，是运营体制的问题。在过去的十多年，新一代铁路旅客车站整体水平得到全方位提升，旅客体验得到了明显改善。但是，车站属于铁路总公司，城市配套服务设施属于地方政府，两者属于不同的业主，管理上没有实现一体化。统一开发建设、统一经营管理还难以实现，这是实施站城融合的最大难题。

再谈铁路客站设计的"文化性"[1]

Rethink About Cultural Nature of Railway Station Design

1. 引言

从21世纪初开始，中国铁路建设进入到跨越式发展阶段。从2003年至今，一大批大型交通枢纽站已经建成，随着我国高速铁路八纵八横路网规划的实施，新一代铁路客站仍然处在持续的建设过程之中。铁路客站，尤其是大型交通枢纽站已经不是过去单一的客运场所，而是一个城市乃至一个区域的综合交通枢纽，往往成为城市中规模和体量最大的公共建筑之一，也成为促进城市更新与发展的一个新的焦点所在。

2. 建筑文化的两极：地域性与时代性

从建筑学的范畴来看，地域性是指建筑与环境（自然环境和人文环境）的关系，我们可通过纵向时间轴和横向空间轴来进行定位和分析。时代性则指建筑在不同时代所具有的审美价值取向和技术背景。每个历史时期的建筑都呈现出不同的特点，是社会发展的产物，是政治、经济和文化特征在建筑上的反映；同时，中国幅员辽阔，区域气候条件差异大，经济文化水平及民俗民风迥异，呈现出多元化、多样性的特征。地域性特色在建筑中的表达是离不开时代背景的。

我们现在所处时代的大背景是全球化。历史潮流，浩浩荡荡不可阻挡。1999年6月23日，国际建协第20届世界建筑师大会在北京召开，一致通过了由吴良镛先生起草的《北京宪章》。《北京宪章》总结了百年来建筑发展的历程，展望了21世纪建筑学的前进方向，提出了"广义建筑学"，强调技术和人文的结合，其中特别注意到了文化的多元性，提出建立全球—地区建筑学的主张。《北京宪章》指出："全球化和多元化是一体之两面，随着全球各文化——包括物质的层面与精神的层面——之间同质性的增加，对差异的坚持可能也会相对增加。建筑学问题和发展植根于本国、本区域的土壤，必须结合自身的实际情况，发现问题的本质，从而提出相应的解决办法；以此为基础，吸收外来文化的精华，并加以整合，最终建立一个'和而不同'的人类社会"；"建筑学是地区的产物，建筑形式的意义来源于地方文脉，并解释着地方文脉。但是，这并不意味着地区建筑学只是地区历史的产物。恰恰相反，地区建筑学更与地区的未来相连。"

建筑的时代性更多地表现为创新性，而地域性则强调传承。这样看来，文脉主义可能是地域性与时代性的粘接剂。建筑理论家刘先觉先生在《现代建筑理论》中写道："广义地理解，文脉，是指介于各种元素之间对话的内在联系，更确切点，是指在局部与整体之间的对话的内在联系。引申开了，关于人与建筑的关系、建筑与所在城市的关系、整个城市与其文化背景之间的关系。"他还指出："文脉，也是环境艺术的追求目标之一，它强调特定空间范围内的个别环境因素与整体环境保持时间与空间的连续性，即和谐

---

1 原文发表于《建筑学报》2009年第4期，原名为"'文化性'在大型交通枢纽中的体现"。本篇进行了修改。

的对话关系。"过去近二十年来，国际建筑师群体成为中国建筑不可忽视的力量，带来了新的理念和价值观，中国建筑和世界潮流融为一体，甚至从某种程度上成为潮流的引导者。这也是全球化的历史阶段中国当代建筑时代性的表现。随工业革命崛起的现代建筑曾经风靡全球，现在回过头看，高潮过后也留给我们怅然若失的无奈。被时代潮流冲走的历史、文化甚至人与人之间的关系都在人们的记忆中变得更加珍贵。我们不能在全球化的潮流中迷失方向。拥抱新时代是理所当然，更难能可贵的是坚守中国建筑的本土文化。建筑文化是历史文脉的积淀，是城市和乡村的集体记忆，也是我们生活的一个组成部分。

3. 建筑文化的体现：传统和现代

著名建筑大师贝聿铭设计的苏州博物馆带给我们启示。就苏州博物馆新馆的设计问题，贝聿铭曾经致信给吴良镛，阐明了其设计思想："如何使建筑与周边之古城风貌协调？如何将二十一世纪的建筑与两千五百年的文明结合？这些都是我考虑最多的问题，这不仅事关苏州，且对中国建筑发展有现实意义。"信中他进一步说明："我希望苏州博物馆新馆建筑能走一条真正的中、苏、新之路，三者缺一不可。"

苏州博物馆布置在相对局促的用地内，其简约明快的"新苏式"建筑风格和丰富的空间、庭院环境，再现了苏州园林的意境，延续了历史街区文脉。我身临其境地站在入口处时便受到了震撼。苏州博物馆打动我的，其实是贝聿铭先生的克制态度，对建筑尺度的把控和化整为零、去繁就简的手法，尤其是对建筑高度的控制，不愧为世界级大师！精致小巧的苏州博物馆比相邻的老建筑体量感觉都要小，正因为这样小心翼翼地控制体量和尺度，建筑整体才呈现出谦逊平和的姿态，与场地内的庭院环境、与周边的忠王府和

网师园的关系更和谐，极具亲和力。建筑形体、色彩和细部处理则是对苏州传统建筑的重新诠释；简化演变成符号的几何构图，采用现代结构形式来表现，这也是贝氏风格的延续。

21世纪以来，以崔愷的"本土设计"为标志，中国本土建筑师强势崛起，带来了中国建筑师群体的文化自觉，文化自信得以彰显，中国建筑走进了新时代。和贝聿铭一样，崔愷也在苏州主持设计了极具坐标意义的公共建筑——高铁苏州站。毫无疑问，苏州站是我国新一代铁路客站的样板，在传统与现代的对话中超越了单纯铁路客站的意义，和贝聿铭的苏州博物馆相呼应，是体现"苏而新"建筑文化的经典之作。在苏州站之前，崔愷主持设计的拉萨站，也是表达地方传统建筑意象的另一个经典：在蓝天白云和群山连绵的背景之中，拉萨站立面沿水平方向舒展开，仿佛从高原群山之中自然生长出来。简洁的藏式建筑的形体和色调，恰如其分地突显出地域特色。在崔愷的作品中，"传统与现代"的对话呈现出具有创新意义的建筑语境，给我们带来有益的启示。

4. 铁路客站文化性探索：艺术和技术

贝聿铭在1983年领取普利茨克奖的发言中说道："空间与形式的关系是建筑艺术和建筑科学的本质。"建筑文化性的表达，不能是孤立的"穿衣戴帽"式的肤浅的形式主义，也不能是传统文化符号的简单模仿或堆砌，艺术与技术相辅相成。在铁路客站设计中，我们正是从建筑艺术和技术两个方面实现建筑文化性的表达。

郑州东站是我国新建铁路交通枢纽中规模最大的站之一，站房总建筑面积超过40万m^2，是一个完全高架的站房，采用创新的"站桥一体化"结构形式。郑州历史悠久，是中华民族的发祥地之一，孕育了中

华民族极其光辉灿烂的文化。早在3600年前,这里就是商王朝的重要都邑,成为当时世界上最大的都市之一。享誉世界的商文明就是从这里起步的。郑州是我国中原文化的代表城市,从历史文化沉淀出来的厚重、沉稳、宏大的气质被认为是中原文化的精神核心。在我们的设计中,站房巨大的建筑形体被抽象成一个雕塑,厚重沉稳、浑然一体,隐含着青铜器时代的历史底蕴(图1)。

太原南站注重地域文化的表达,采用现代建筑技术来实现。中国现存最完整的唐朝木构建筑,大部分集中在山西。中国木构建筑灿烂辉煌的篇章——"唐风"建筑在山西完整地保存着。太原南站站房主体汲取中国传统宫殿斗栱及飞檐的形象特征,并通过钢结构单元体来表达,展现"唐风晋韵"的地域文化,使

人感受到中国传统空间的华丽与典雅。建筑细部处理也从山西传统民居的清水砖墙与窗花获得灵感,展现传统建筑的精美(图2)。

张家界西站依山而建,位于举世闻名的武陵源风景区,地理位置十分优越。我们汲取当地民居干阑式木构建筑的特点,建筑错落有致、富有韵律,与当地民居相呼应,与群山之势相协调,表达建筑与环境和谐共生的理念。车站主入口形成挡风遮雨的风雨门廊,与匝道桥融为一体,重构了湘西"廊桥百里"的空间形态。建筑细部将当地土家族的传统符号"西兰卡普"点缀其中。"有青山、有祥云、有廊桥、有故事",追寻建筑艺术的地域性表达(图3)。

令建筑师非常遗憾甚至痛苦的是,在施工过程中,建设方为了"加强文化性",入口处的"吊脚楼"

图1 郑州东站

图2 太原南站

图3　张家界西站

被取消了，室内外增加了过多的装饰。现在看来，过度装饰只起到了相反的作用。

5. 结语

现代建筑技术的发展，为建筑形式的创造提供了多种可能性。但建筑师要面对的，还是建筑创作的基本问题：功能与形式、传统与现代、技术与艺术。建筑的文化内涵赋予建筑真正的生命力。建筑文化性的表现是多方面的，并非局限于建筑的外在形式。一方面，铁路客站或大型交通枢纽首先是一个交通建筑，成为城市的重要"门户"，具有突出的可识别性，能体现一个城市的风貌和形象，引起人们对城市的记忆，随着时间的推移，它会自然产生城市的归属感；另一方面，我国地域辽阔，民族众多，自然环境与文化环境在不同地域具有明显的差异性，建筑文化呈现出多样性与多元化的特征。

叁

铁路客站设计作品

太原南站

Taiyuan South Railway Station

项 目 地 址：中国山西·太原

总建筑面积：183952m²

站 场 规 模：站台数10个，到发线18条

设 计 时 间：2006年1月~2009年12月

竣 工 时 间：2014年6月

合作建筑师：王力、张继、孙行、陈勇

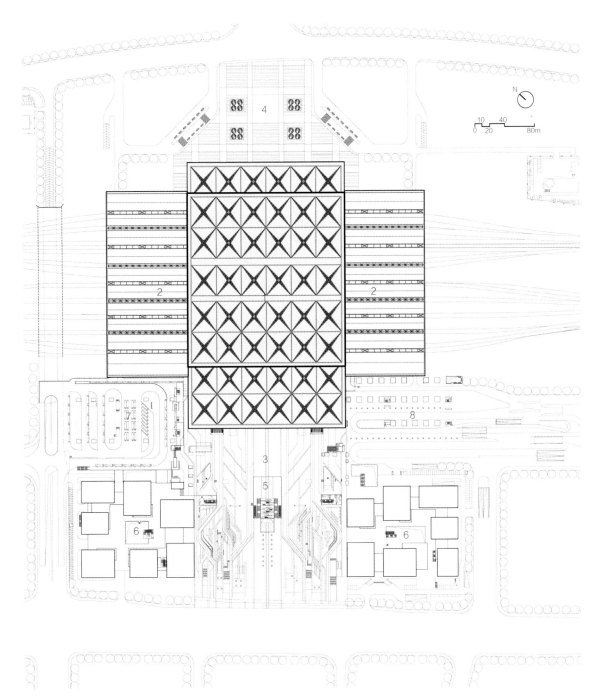

总平面图

1. 太原南站站房　　5. 下沉广场
2. 站台雨棚　　　　6. 商业服务
3. 西广场　　　　　7. 公交首末站
4. 东广场　　　　　8. 出租车车场

　　太原南站是石太铁路客运专线上最重要的枢纽站之一，是一座集铁路、城市轨道及多种交通换乘功能于一体的现代化大型交通枢纽。太原南站车场规模为10台22线，最高聚集人数为6500人，总建筑面积为183952m²。通过以旅客动态流线为本的空间布置和流线组织，通过与城市各类交通体系紧密结合、无缝衔接，使旅客换乘流线明确便捷，体现综合交通枢纽"效率第一"的功能设计原则。

　　体现地域文化特色。中国现存最完整的唐朝木构建筑，超过80%集中在山西省。中国木构建筑中灿烂辉煌的篇章——"唐风建筑"分布在太原四周。站房主体汲取唐朝宫殿斗栱及飞檐的形象特征，并通过现代结构表达，展现"唐风晋韵"的地域文化。借鉴山西民居清水砖墙及精美窗花，传承建筑细部形式之美，使人感受到中国传统建筑的华丽与典雅，体现建筑的文化性与时代性。

　　独树一帜的钢结构单元体结构体系。由36m×43m的钢结构单元体构成大空间，是国内少有的、典型的钢结构单元体大空间交通建筑。伞状单元体提供自然采光、自然通风及排烟，并形成极具特色的空间效果。建筑空

间与结构体系体现出清晰的逻辑性：使用功能、结构、空间三者有机生成。像"树"一样生长的钢结构体系为建筑空间提供了自由生长的可能性，这在工程建设过程中得到了验证，完美地应对了在建设过程中突发的车站规模增加的情况，平面和空间自由延伸。标准化的钢结构单元体，构件全部在工厂制作，在现场进行拼装，充分保障了施工精度，缩短了施工周期，体现了装配式建造的优势。

打造绿色车站的样板。在国家绿色建筑设计规范和技术标准出台之前，我们前瞻性地采用新材料、新设备、新技术，实现生态、绿色、环保，达到国家现行绿色建筑三星级标准。设计综合运用外墙保温隔热构造、建筑体量自遮阳、可调节天然采光、热压自然通风等被动式节能措施，同时也采用了地源热泵及地板热辐射采暖等清洁能源技术。大量绿色建筑技术的应用，使太原南站这座全新的交通枢纽成为一个具有示范效应的绿色生态型客站。

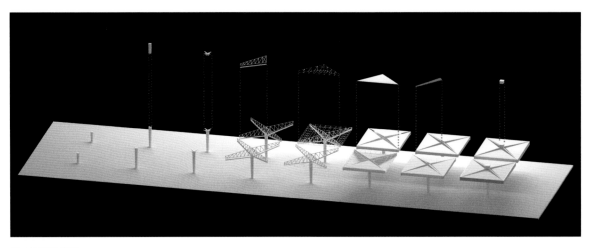

单元体建造分析

　　太原南站的室内设计充分表现了钢结构单元体的特征，重复的单元体产生韵律之美。在结构单元体基础上，增加自然通风和天然采光设计元素，形成了建筑单元体。均匀分布的十字形屋顶天窗带来柔和的日光，避免了阳光直射和眩光。一年四季的白天，候车大厅都获得充足的天然光照明，大大减少了人工照明的用电量。顶棚采用铝合金微孔吸声板，有效地改善了大空间的声学效果。我们在室内设计中通过天然采光与吸声降噪处理，提高了室内环境舒适度。

　　单元体采用工厂标准化生产的结构构件，运至现场进行安装。提高了施工效率，保障了施工质量。

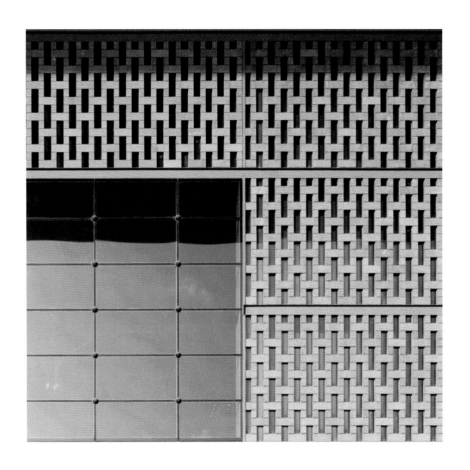

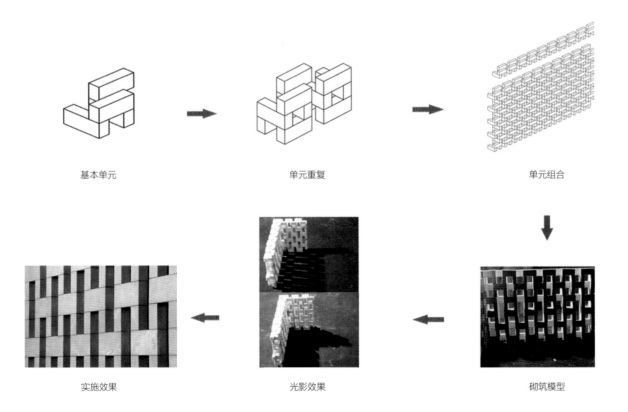

基本单元　　　　　　　　　　　单元重复　　　　　　　　　　　单元组合

砌筑模型

光影效果

实施效果

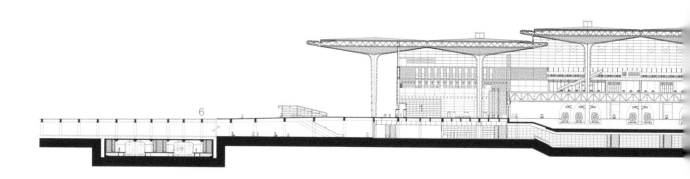

1. 进站广厅　2. 高架候车厅　3. 站台　4. 商业服务　5. 出站通道　6. 站前广场
剖面图

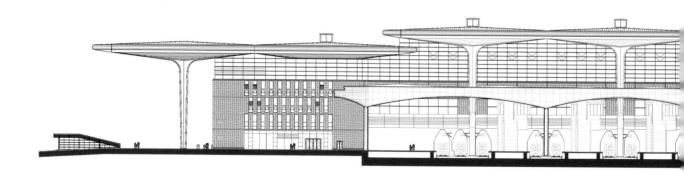

南立面图

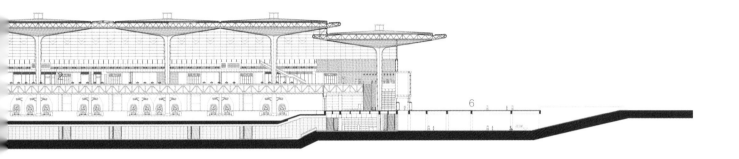

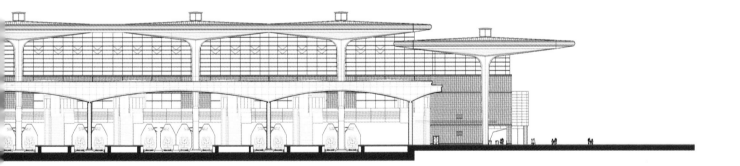

杭州东站

Hangzhou East Railway Station

项目地址：中国浙江·杭州

总建筑面积：321020m²

站场规模：站台数15个，到发线30条

设计时间：2000年9月~2012年3月

竣工时间：2013年6月

设计指导：袁培煌

合作建筑师：戚广平、王力、王南、方馨、赵鑫

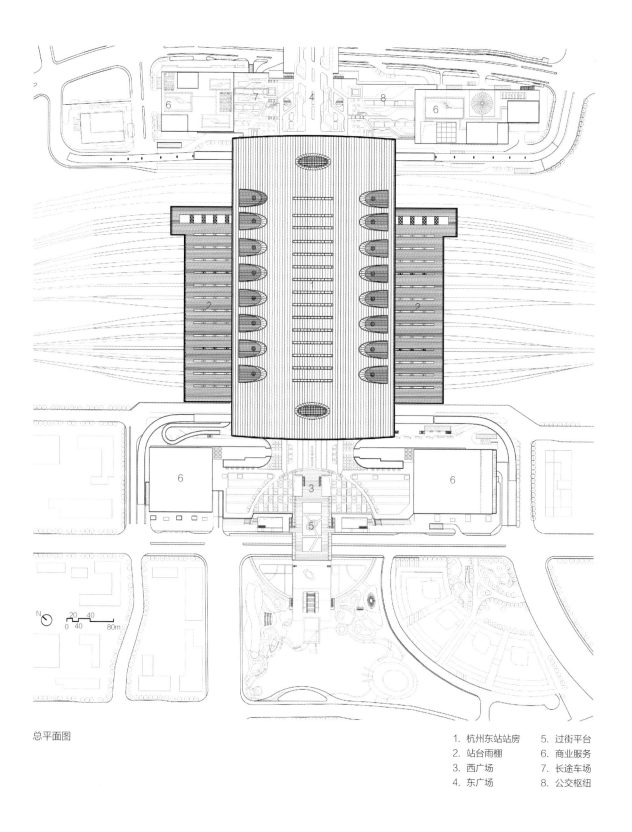

总平面图

1. 杭州东站站房   5. 过街平台
2. 站台雨棚   6. 商业服务
3. 西广场   7. 长途车场
4. 东广场   8. 公交枢纽

　　杭州东站处于"沪杭、浙赣、宣杭、萧甬"四条铁路干线的交汇处，是中国最大的综合交通枢纽之一。车站拥有国铁车场15台30线，并预留磁悬浮车场3台4线。杭州东站总建筑面积32万m^2，日均旅客流量15万人次，高峰小时聚集人数15000人。杭州东站是汇集国铁、轨道交通、公交、长途、磁悬浮、机场专线等多种交通方式于一体的特大型交通枢纽，与上海虹桥枢纽站车程缩短为45分钟，是形成杭州与上海"同城效应"的关键因素。

　　杭州东站不仅是大型交通枢纽，也是杭州城市副中心"城东新城"的核心。从城市设计出发，充分整合城市资源，打破传统车站"封闭、割裂、单一功能"的形式，实现"开放、融合、复合功能"的转变。形成地上地下空间一体化、车站与城市中心一体化设计、总计建筑面积达108万m^2的"超级城市综合体"，是中国最早实现站城融合的交通枢纽之一。站区总体规划重视杭州东站与城市的融合，设计秉承"开放融合、功能复合"的城市布局原则，充分考虑了杭州东站区域地下空间的综合开发利用，将杭州东站与站前广场综合体自然融合。以中国高铁发展为契机，引领城市新陈代谢。杭州东站是杭州从"西湖时代"迈向"钱江时代"的标志，建筑形式清晰表达结构逻辑，并与使用功能完美接合，体现面相未来的时代精神，体现杭州"精致和谐，大气开放"的城市精神。

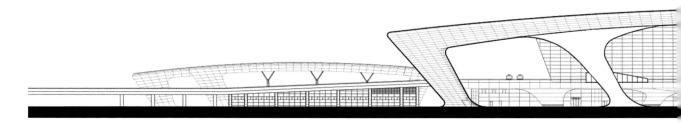

立面图

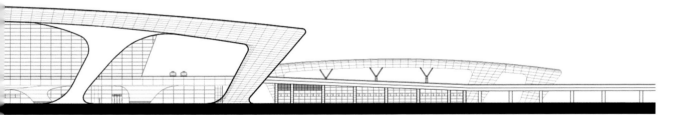

1. 通过城市设计实现交通枢纽与城市的融合

以杭州东站为核心，采用"功能体系复合化、交通衔接高效化、土地使用集约化、生态环境多样化"的策略，车站与城市服务设施一体化，形成城市综合体，完善城市核心区功能。

2. 全面整合城市交通体系

采用"单向进出""上进下出"的交通组织方式，车站与城市交通系统进行高效率的衔接，将进站车流与出站车流采用立体方式完全分离，避免相互干扰，创造车辆快进快出的条件。所有换乘系统和空间均设置在出站层，营造全天候的快捷舒适的换乘空间。

3. 广泛采用绿色建筑技术打造绿色车站

站房主体空间采用可自动控制的天窗和高侧窗，提供自然采光与通风。屋顶均匀分布的带状天窗提供相对均匀的室内照度，避免阳光直射。高架候车厅四周的外廊空间，自然形成建筑外遮阳，屋顶太阳能板的设置减少了夏季金属屋面的热辐射。特别值得一提的是，我们在站房屋面铺设多晶硅太阳能光伏组件7.9万m^2，发电容量约10MW，年平均上网供电约948万kWh，为目前国内最大的屋面太阳能系统。

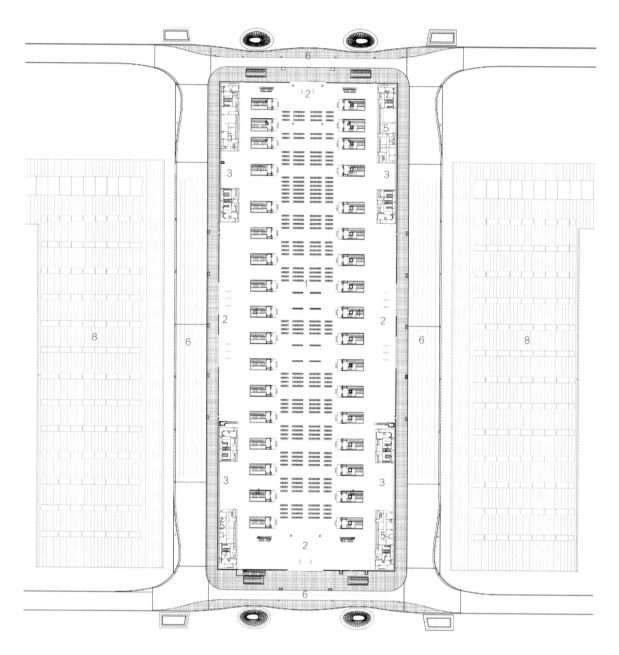

高架层平面图

1. 候车大厅   4. 进站入口   7. 卫生间
2. 进站广厅   5. 辅助办公   8. 站台雨棚
3. 售票厅   6. 高架落客平台

4. 结构体系创新技术

在国内外首次采用"异型钢管斜柱+大跨度变截面钢管桁架"新型结构体系；是国内首次对站房结构进行施工和运营阶段的系统性连续检测，时间长达7年；是国内首次对大直径多维复杂空间钢管相贯节点的承载力和破坏特性进行试验和研究，大跨度候车厅楼盖竖向舒适度研究，填补了国内空白，获得省级科技进步一等奖。

5. 复杂双曲面建筑表皮技术

参数化"无缝隙光滑双曲面"表皮综合技术的研究与利用，实现了大面积的外观效果，避免表皮系统受结构变形及室外环境侵蚀的影响，高标准满足防火、防水、防腐等物理性能要求。

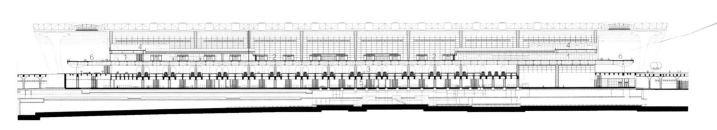

剖面图一

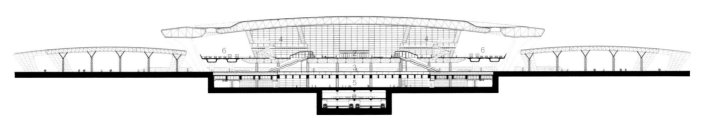

剖面图二

1. 进站广厅　2. 高架候车厅　3. 站台　4. 商业服务　5. 出站通道　6. 高架落客平台

郑州东站

Zhengzhou East Railway Station

项 目 地 址：中国河南·郑州

总建筑面积：411840m²

站 场 规 模：站台数16个，到发线30条

设 计 时 间：2007年2月~2009年9月

竣 工 时 间：2012年9月

合作建筑师：程飞、廖成芳、朱靖、赵鑫

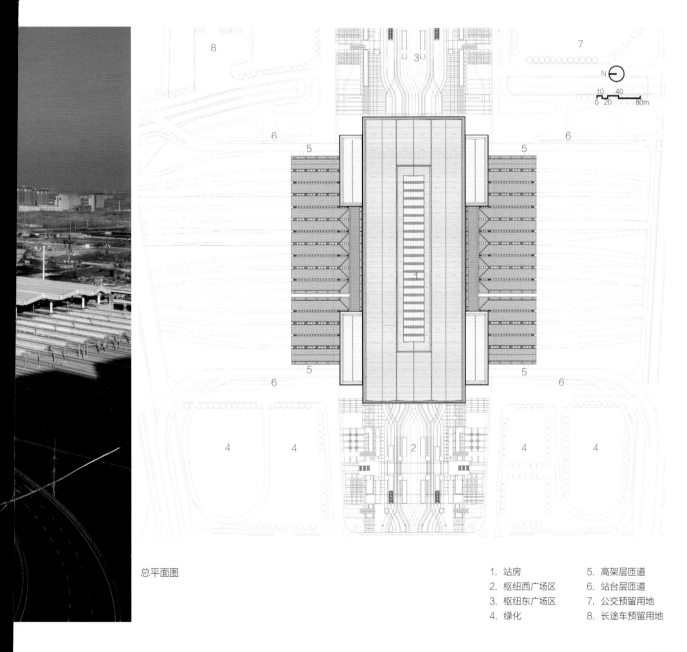

总平面图

1. 站房　　　　5. 高架层匝道
2. 枢纽西广场区　6. 站台层匝道
3. 枢纽东广场区　7. 公交预留用地
4. 绿化　　　　8. 长途车预留用地

石武铁路客运专线是"北京—武汉—广州—深圳"客运专线的重要组成部分，郑州东站是新建石武（石家庄—武汉）客运专线和徐兰（徐州—兰州）客运专线十字交汇的大型枢纽站，汇集铁路客运、公路客运、轨道交通、城市公交等多种交通方式，实现多种交通方式的有机衔接和"零换乘"，是我国规模最大的综合交通枢纽之一。

郑州东站位于郑州市东侧的郑东新区，是国家铁路网中的重要枢纽，共设正线4条，旅客列车到发线30条，站台16座。站房高峰小时旅客发送量9800人，车站总建筑面积41.2万m^2。郑州东站为高架站场和高架站房，采用"上进下出"的旅客流线。站房主体建筑共3层，分别为地面层、站台层和高架层。另外，在地下部分设有2层地铁站。

（1）郑东新区重要的标志性建筑。站区规划以郑东新区规划为设计基础，结合场地交通现状调整局部道路关系，创造出和谐高效的交通体系和尺度舒适的广场空间，并通过对规划范围内各地块功能的重塑，整合成一个以车站为中心轴线的城市空间序列；保持车站东西广场人流车流的通畅性，尽量避免或减少铁路对城市空间的割裂与影响。

（2）体现中原文化特色。大型车站是一个城市的门户，体现一个城市的风貌和形象，一个有特点的车站建筑往往能引起人们对城市的记忆。富有历史文化内涵和地域特色的车站形象往往成为城市发展的标志。因此，我们提炼中原传统文化沉稳厚重的神韵，抽象地融入立面造型之中。整个车站立面在构图上打破了高架站房主体部分被高架桥分离的常规模式，充分利用车场与广场地面的高差形成高达9m的基座，建筑主体与基座有机结合，浑然一体，厚重朴实，简练而干净，整体形象犹如一个宏伟的城市之门。

（3）交通专项设计。郑州东站充分考虑与城市交通系统的衔接方式。经过长达一年半的交通专项课题研究，我们提出了全面整合站区交通体系并与城市交通系统高效衔接的交通专项设计方案，通过了国内权威专家的评审和高度肯定。其主要特点为：进站车流在城市快速干道上通过匝道直接进入高架候车层，出站车流则集中在架空层地面，从而将进、出站车流采用立体方式完全分离，避免了交叉和干扰，创造车辆快进快出的条件。郑州东站为全高架站场，站场下部空间充分利用，形成各类车辆的停车场，便于旅客换乘，最大限度地减少了旅客步行距离。

（4）"站桥合一"结构技术创新。首次将"钢骨混凝土柱+双向预应力混凝土箱形框架梁"结构应用于大型枢纽站房轨道层桥梁结构中，为国内规模最大的全新的"站桥合一"的结构形式，即把位于铁路桥之上的高架站房的结构与铁路桥结构合二为一，大大减少了传统的大尺度铁路桥墩对线下空间的影响，降低了结构尺度，形成高架桥下开敞的出站空间。"站桥合一"的结构，不仅改善了空间使用效果，而且有效缩短了建设工期，大幅度减少了工程投资。郑州东站进行了长达三年多的运营阶段结构健康检测，重点对站台层结构在列车荷载、温度作用等工况下的应力和变形进行了系统性的检测。

（5）再生水水源热泵系统。郑州东站空调冷热源采用再生水源热泵机组，该机组冬季从再生水吸收热量，夏季将热量释放给再生水，通过热泵机组能量提升后向建筑物供热、供冷，是一种高效节能、环保无污染的新型空调系统。再生水来自车站附近的王新庄污水处理厂。

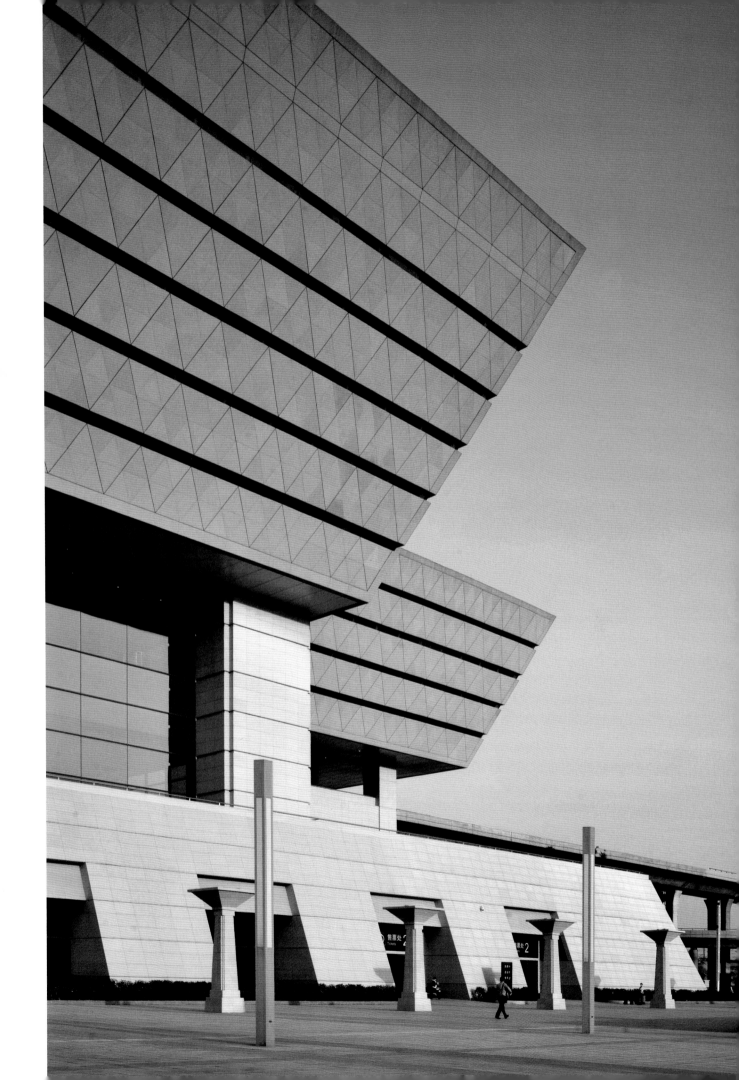

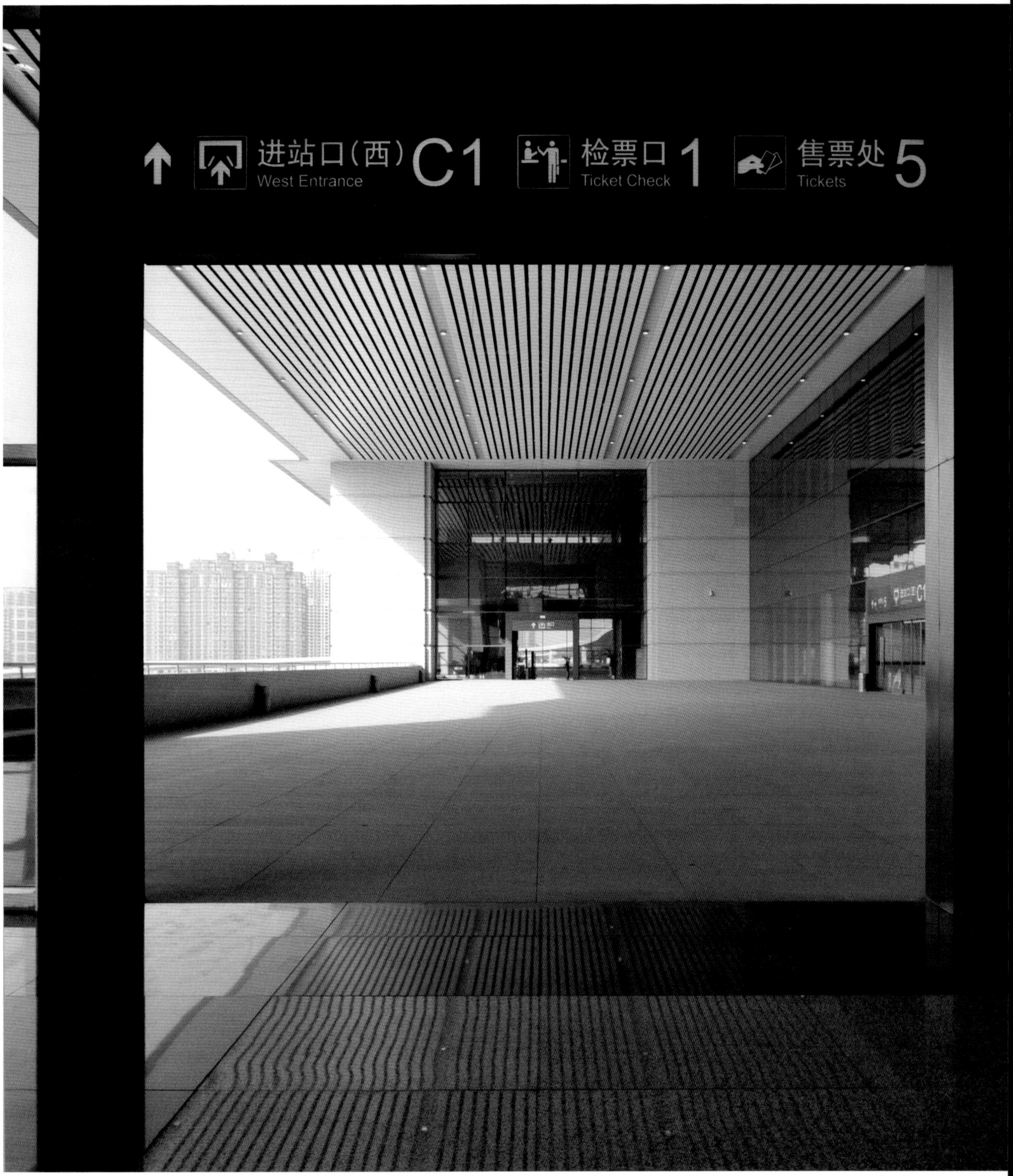
进站口(西) C1
West Entrance
检票口 1
Ticket Check
售票处 5
Tickets

长沙南站

Changsha South Railway Station

项 目 地 址：中国湖南·长沙

总建筑面积：263780m²

站 场 规 模：站台数12个，到发线22条

设 计 时 间：2005年11月~2012年9月

竣 工 时 间：2009年12月（一期）2014年7月（二期）

合作建筑师：廖成芳、熊伟、朱靖、程飞、王力

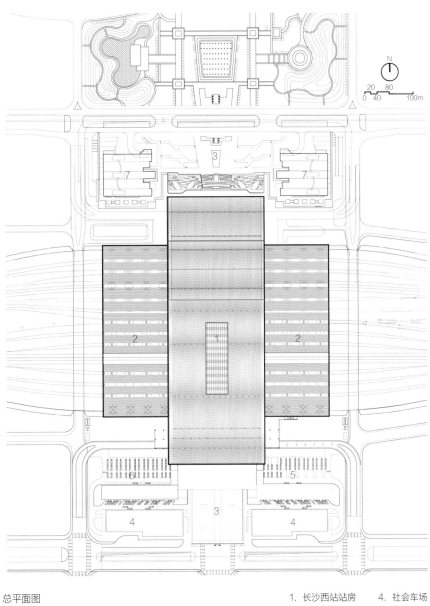

总平面图

1. 长沙西站站房　　4. 社会车场
2. 站台雨棚　　　　5. 公交车场
3. 站前广场　　　　6. 长途车场

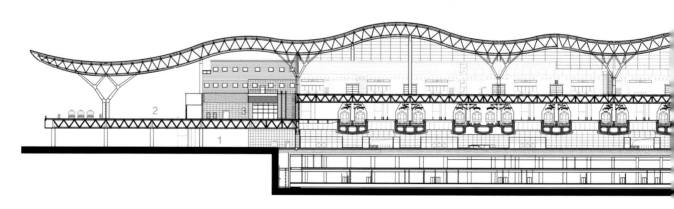

1. 出站层　2. 高架落客平台　3. 进站广厅　4. 候车大厅　5. 站台　6. 城市通廊

剖面图

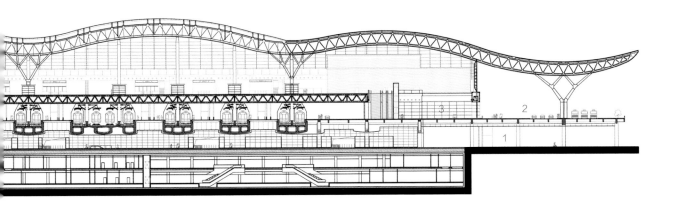

长沙南站位于长沙市雨花区湘江东岸，是武广客运专线上的一个大型枢纽站，设有13个站台，24条到发线、4条正线。站房最高聚集人数6500人，总建筑面积28.56万m²，其中站房建筑面积20.29万m²，站台雨棚8.27万平方米。在省会城市高铁站中，长沙南站率先采用线侧与高架相结合的功能流线，方便旅客快进快出，体现以人为本的设计理念。

1. 节约用地

总体布置中注重对城市土地的"集约化"使用，充分利用站前广场地下空间布置各类停车场及各类附属设施，大大减少了广场占地面积。

2. 实现便捷换乘

长沙南站通过磁浮快线与长沙黄花机场连通，形成"空铁联运"的交通枢纽。出站通道中央设地铁出入口部，方便地铁与国铁的换乘。公交、长途、出租车及社会车辆全部设在与出站厅同层的广场地下空间，旅客换乘距离短，且不受天气条件的影响。

3. 树状结构体系

站房及站台雨棚均采用树枝状结构体支撑波浪起伏般的屋顶，形成独特的室内外空间形态，是对长沙这座"山水洲城"独特环境的呼应。屋顶曲面走向与旅客流线一致，将人流从入口平台自然地引领到进站广厅、高架候车厅，交通流线清晰明了。极富流动感和韵律感的室内外建筑顶棚，强化了空间的引导性，使得旅客在大空间下的任意位置都可获得明确的方位感。

在与地域环境相融合的同时，新长沙站更表现出建筑形式与使用功能、内部空间与结构形式的完美融合：
"树"一样生长的钢结构体系为建筑空间提供了自由的可能性，在功能与形式、建筑与环境、浪漫与理性之间，
对新一代铁路站房类建筑重新进行了诠释。

4. 宽敞的高架落客平台

高架落客平台全覆盖，夏季遮阳，雨季挡风遮雨，适应长沙冬冷夏热的气候条件，为进站车辆和旅客提供一
个全天候的舒适空间，使旅客获得良好的体验。

5. 大跨度钢结构减振技术

采用新型结构减振措施（TMD阻尼器），有效减轻列车快速通过对结构的振动影响，大大提高了高架候车层
大跨度钢结构的舒适性。

6. 站房声学研究与声环境控制

对站房室内及站台雨棚的专项声学设计，减少噪声，提高大空间的语音清晰度，形成了良好的声学环境。

襄阳东站

Xiangyang East Railway Station

项目地址：中国湖北·襄阳

总建筑面积：177740m²

站场规模：站台数9个，到发线16条

设计时间：2016年7月~2018年3月

竣工时间：2019年11月

合作建筑师：盛辉、张丹、万倩、陈学民、刘俊山、

冉晓鸣、龚雯、周磊鑫、廖成芳

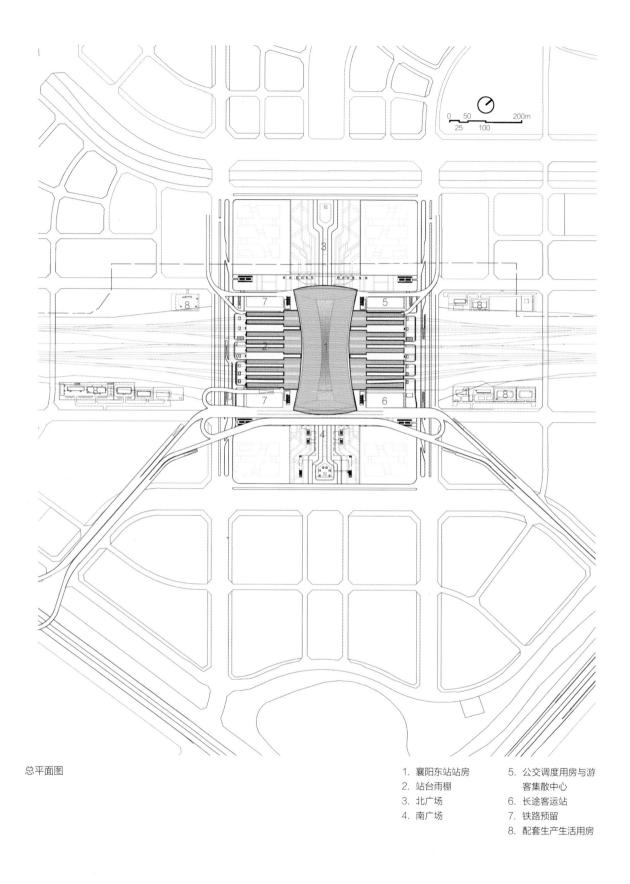

总平面图

1. 襄阳东站站房
2. 站台雨棚
3. 北广场
4. 南广场
5. 公交调度用房与游客集散中心
6. 长途客运站
7. 铁路预留
8. 配套生产生活用房

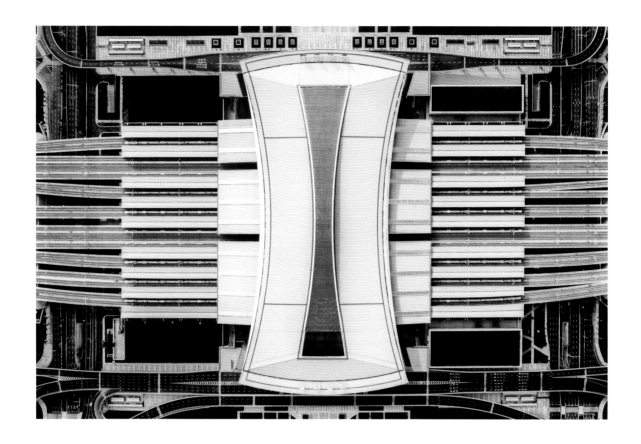

　　襄阳东站位于汉江之东的襄阳市东津新区，为襄阳东大门，距离襄阳城区约9km，距离香洲区约11km。襄阳东站是汉十（西武）高铁、郑万高铁及襄常高铁的交汇点，是全国规模最大的副省会城市级别的交通枢纽，总规模9台20线，车站总建筑面积约21.29万m^2。

　　襄阳东站采用高架站场及高架站房的双高架模式，为地级市车站首例。这样的高架车站，不仅提高了土地的综合使用效率，还有效地避免了铁路路基对城市空间的分隔。襄阳东站枢纽采用立体化的"上进下出"旅客流线，分别设置了从地上三层（高架候车层）、地上二层（站台层）及地面层的进站流线。充分利用站场下方空间布置商业服务空间和换乘空间，实现便捷换乘。

　　"一江碧水穿城过，十里青山半入城"。作为中国十大魅力城市之一的襄阳，城外之山、汉江之水，被历代文人墨客所描述赞美。汉江之水广阔浩渺，波澜起伏。设计以"一江两岸、汉水之城"为创意出发点，提取荆楚建筑之"高筑台、深出挑"的精髓，是中国传统大屋顶的现代演绎，既有襄阳古城的门户之意象，又体现交通枢纽现代的建筑风格。建筑整体由"工"字形平面演变而来，结合站房的整体流线形态，打造出一江两岸的建筑印象。屋顶流畅完整，出挑深远，形成挡风遮雨的平台落客区，营造出大气恢宏的建筑形象，映衬出襄阳之门的设计理念。

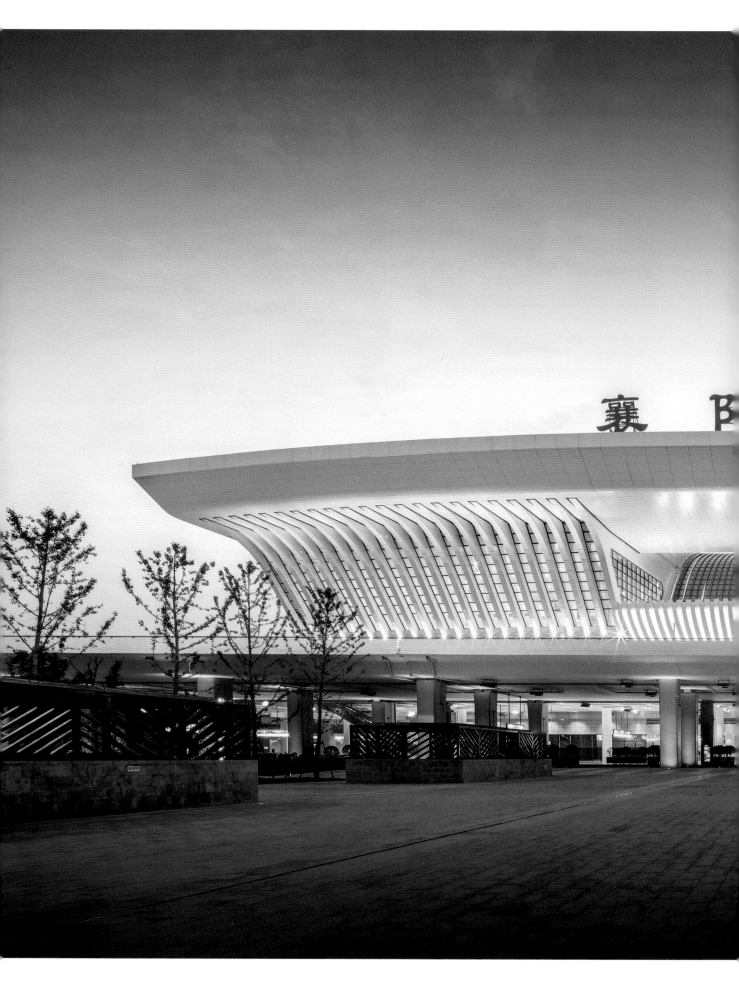

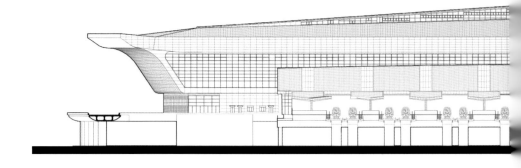

立面图

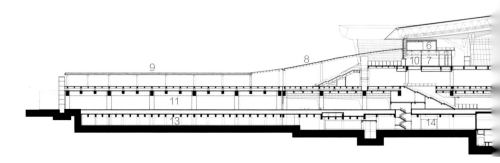

剖面图一

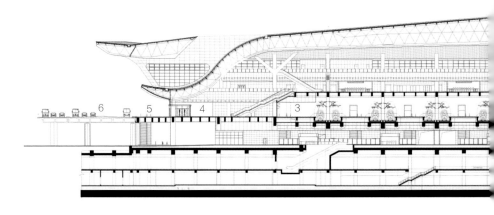

剖面图二

180

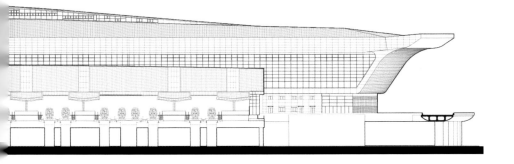

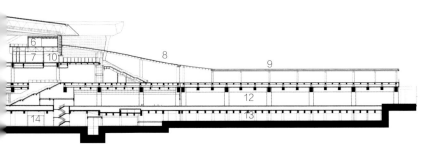

1. 高架候车大厅   8. 无柱站台雨棚
2. 站台层   9. 有柱站台雨棚
3. 出站层中央通廊   10. 快速进站通廊
4. 地铁站厅层   11. 出租及社会车场
5. 地铁站台层   12. 长途及公交车场
6. 设备用房   13. 地下车库
7. 旅客服务   14. 地下商业

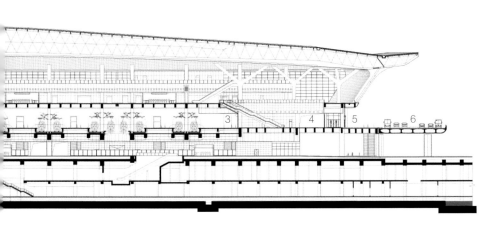

1. 高架候车大厅   6. 车行落客匝道
2. 中间站台   7. 出站厅及中央通廊
3. 基本站台   8. 地铁站厅层
4. 进站广厅   9. 地铁站台层
5. 人行落客平台   10. 商业夹层

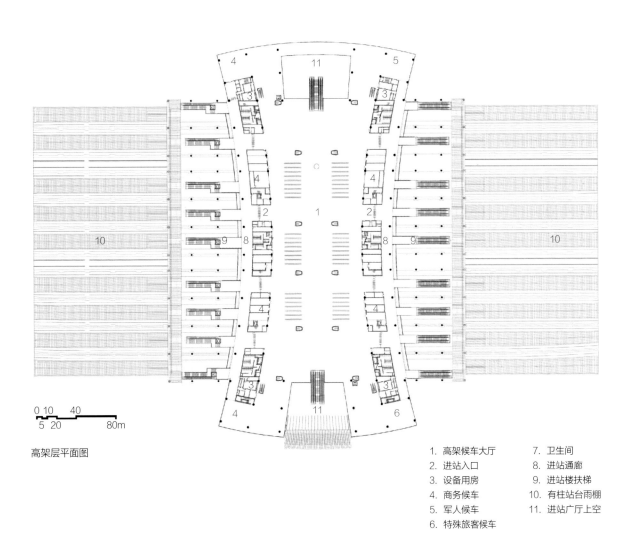

高架层平面图

0 10 40
5 20   80m

1. 高架候车大厅
2. 进站入口
3. 设备用房
4. 商务候车
5. 军人候车
6. 特殊旅客候车
7. 卫生间
8. 进站通廊
9. 进站楼扶梯
10. 有柱站台雨棚
11. 进站广厅上空

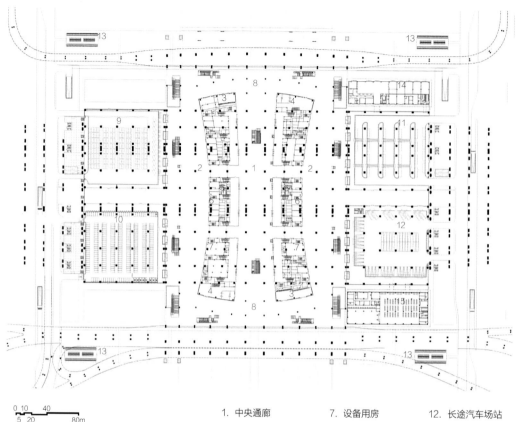

0 10   40
5   20   80m

地面层平面图

1. 中央通廊   7. 设备用房   12. 长途汽车场站
2. 人行安全通道   8. 高架落客区下方   13. 非机动车停车场
3. 售票厅   平台   14. 公交调度用房与
4. 快捷进站厅   9. 出租车换乘区   游客集散中心
5. 卫生间   10. 社会车停车库   15. 长途客运站
6. 旅客服务   11. 公交枢纽站

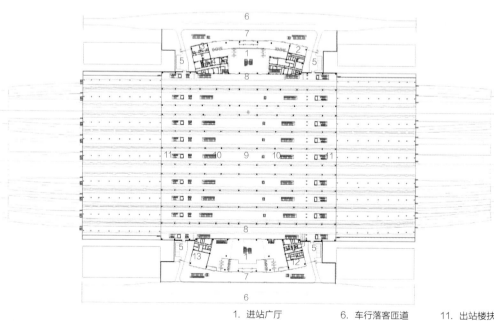

0 10   40
5   20   80m

站台层平面图

1. 进站广厅   6. 车行落客匝道   11. 出站楼扶梯
2. 旅客综合服务   7. 人行落客平台   12. 售票厅
3. 贵宾候车   8. 基本站台   13. 商业服务
4. 商务贵宾候车   9. 中间站台
5. 停车场   10. 进站楼扶梯

188

　　室内空间的营造也是设计的关键。采光顶棚自中部候车大厅倾泻而下，一直延伸至进站广厅和主入口，形成富有动感的极具特色的室内空间，且具有明确的空间引导性。

随州南站

Suizhou South Railway Station

项目地址：中国湖北·随州

总建筑面积：32635m²

站场规模：站台数2个，到发线4条

设计时间：2017年4月~2018年7月

竣工时间：2019年11月

合作建筑师：尹博维、龙淳、蒋哲尧

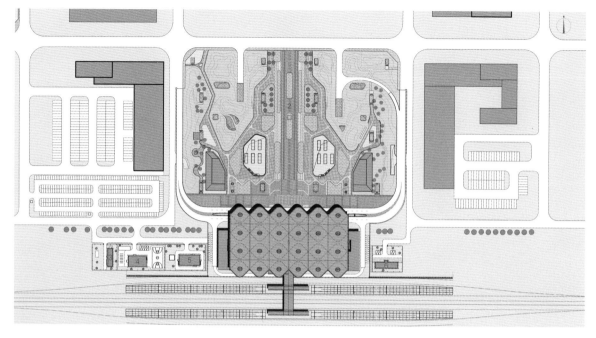

总平面图

1. 站房
2. 广场
3. 给水加压站
4. 单身宿舍及食堂
5. 信号楼
6. 公安派出所

汉十（武汉至十堰）高铁全长399km，设丹江口、襄阳、随州、安陆、云梦等12座客站，沿线串联武当山、古隆中、炎帝神农故里、黄鹤楼等著名旅游景区，该区域旅游收入占湖北全省旅游收入的70%，堪称湖北最美高铁线路。随州地处长江流域和淮河流域的交汇地带，居"荆豫要冲"，有"鄂北明珠"之称。随州南站至汉口站的高铁车程仅为50分钟，为随州市旅游业发展提供了契机，成为湖北境内重要的旅游目的地车站。随州南站2台6线（含正线2条），总建筑面积32600m²，最高聚集人数1000人。

1. 表达地域特色

随州洛阳镇的千年银杏谷，是世界四大密集成片的古银杏聚落之一。现有百年以上古银杏树1.7万株，千年以上308株。特殊气候条件产生了独特的生态景观，每逢仲秋时节，银杏树下，金叶纷飞，呈现出"山屏树伞下，农家小院忙"的田园风光，成为旅游者心中的世外桃源。我们从大自然获得启示，用树状结构体系营造出银杏林一般的空间，仿佛可以突破边际自由生长。挺拔的树状结构与动态屋面发生最直接的视觉关联，清晰地表达结构的逻辑。在随州南站的设计中，我们尝试从体现城市地域特征的角度，将"银杏树下"的自然意境融入建筑，让旅客获得独特的空间感受。

2. 树状结构与空间营造

我们通过对银杏叶片的抽象与重构，得到了构成空间的基本"叶片单元"。每个单元尺度为27m×24m，覆盖面积约648m²，采用24个完全相同的叶片状单元体建构成站房主体空间。在实施方案过程中进行优化，每四个小单元合并为一个大的单元，形成六组单元体，结构更为合理，同时也降低了建造难度，有利于控制施工成本。单元体由室内延伸至室外平台，形成半室外空间。富有韵律的自然曲线，轻盈灵动的建筑形体，使室内外空间浑然一体。叶片单元体集建筑、结构、装饰于一体，摒弃了繁冗的装饰。透光膜内的结构杆件，犹如树叶纹理，隐喻自然，体现结构之美。

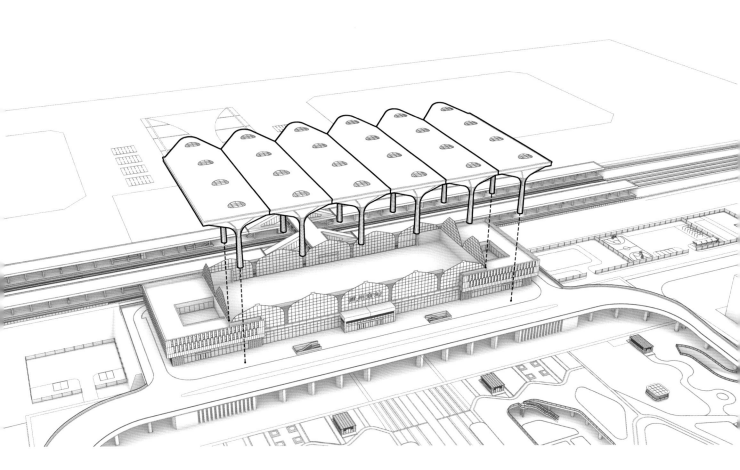

3. 室内外光环境

车站室内光环境的舒适性也是我们考虑的重要因素。单元体顶部设有采光天窗，通过透光膜的过滤产生柔和的漫射光，完全避免了眩光，室内照度也更均匀。通过照明模拟计算确定天窗面积，白天即使是阴天都可满足照度要求。阳光透过顶部天窗洒落在"叶片"单元体腔内，光线漫射形成一个个金色发光体，营造出"银杏树下，金叶纷飞"的空间意象。这种体验得益于覆盖在单元体外侧的ETFE膜材，我们采用70%的透光率，完美展现了叶片温润、通透的质感。天然光线的引入，使建筑空间生动而富有生命力。夜间则点亮设置于透光膜腔体内的LED灯，形成发光体，类似于中国传统的灯笼。室外落客平台上方的金色"灯笼"，取代了室外泛光照明，也传达出中国传统屋檐下的意蕴，进一步增强了车站的标识性和引导性。

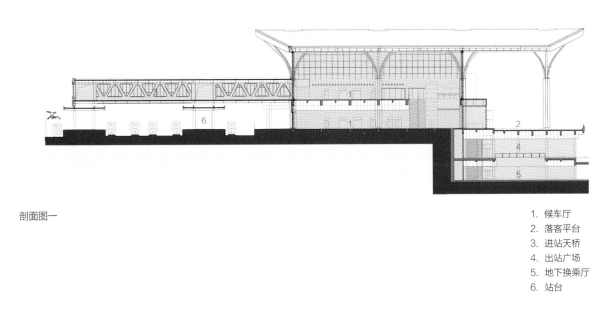

剖面图一

1. 候车厅
2. 落客平台
3. 进站天桥
4. 出站广场
5. 地下换乘厅
6. 站台

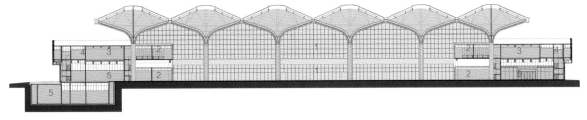

剖面图二

1. 候车区
2. 旅客服务
3. 采光内庭
4. 办公用房
5. 设备用房

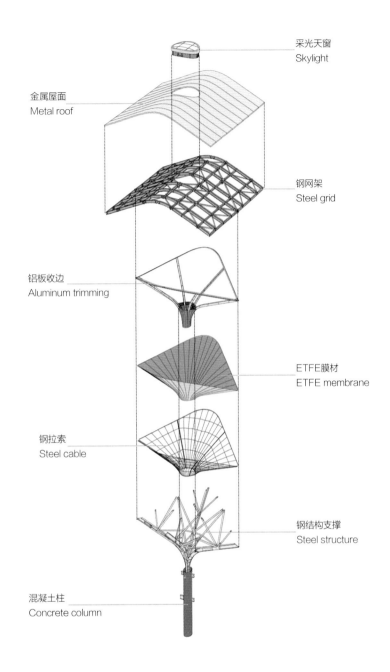

采光天窗
Skylight

金属屋面
Metal roof

钢网架
Steel grid

铝板收边
Aluminum trimming

ETFE膜材
ETFE membrane

钢拉索
Steel cable

钢结构支撑
Steel structure

混凝土柱
Concrete column

随州南站结构伞爆炸图

4. 新材料与新工艺

　　这种空间效果的形成，关键在于覆盖在单元体外侧的ETFE膜材的性能。我们确定了70%的透光率、漫反射、金色这三个基本要素，但几乎找遍了全球的供应商都没有合适的，在最后关头，德国ETFE膜材生产商答应为我们订制这种材料。ETFE膜材拥有良好的耐久性、阻燃性及透光性能，但是对拉力和温度变化较为敏感，为保证"叶片"最终形成饱满、光滑的曲面形态，现场施工需要对索网系统和膜材的张拉有着极其精准的控制。我们和施工单位一起联合大学科研团队，深入研究膜材力学性能及索膜受力体系专项技术，依托BIM技术及3D现场扫描技术，获得精确的结构数据，对相关节点及构造进行了多处优化创新，形成了一整套技术措施，精准完成了"叶片"各部分组件的设计与安装。

5. 高舒适性的空间体验

当您来到随州南站，仿佛置身于银杏树的丛林，这个挡风遮雨的车站的半室外空间会给你留下深刻印象。当你走进随州南站，令人舒适的柔和均匀的天然光线透过"银杏叶片"散发出来。候车大厅非常安静，语音广播格外清晰，没有火车站常见的噪声困扰，这得益于表面积超过1万平方米单元体的膜材所具有的良好的吸声效果。"银杏叶片单元体"成为整座建筑中令人印象最深刻的部分，朦胧的光线、通透温润的质感、富有韵律的结构单元，模糊了人工与自然的边界，诠释着崇尚"天人合一"的东方传统哲学思想。

张家界西站

Zhangjiajie West Railway Station

项目地址：中国湖南·张家界

站场规模：站台数7个，到发线13条

总建筑面积：66700m²

设计时间：2016年5月-2017年12月

竣工时间：2019年12月

合作建筑师：傅海生、程飞、李强、朱靖、廖成芳、
桑朝晖、亢轩

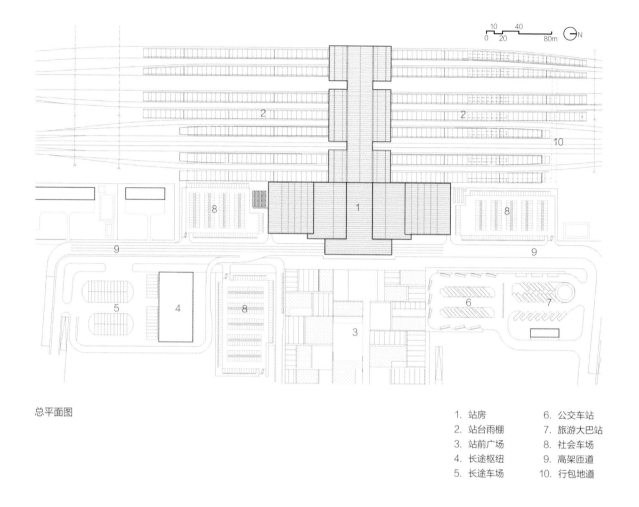

总平面图

1. 站房	6. 公交车站
2. 站台雨棚	7. 旅游大巴站
3. 站前广场	8. 社会车场
4. 长途枢纽	9. 高架匝道
5. 长途车场	10. 行包地道

　　黔张常铁路驰骋在渝鄂湘这块物产富饶、景色秀美的土地上，沿线自然风景秀美，旅游资源丰富。以张家界西站为代表的新时代铁路站房，宛若镶嵌在黔张常铁路线上的一颗璀璨的明珠。张家界西站依山而建、面水而居，位于有"城市北大门"之称的沙堤旅游发展带，距武陵源风景区仅12km，地理位置十分优越。站房借鉴当地民居特色，融于天地之中，汇入山水之间。张家界西站车场规模为7台17线，线侧平式站房，总建筑面积为6.67万m²。

　　这是一个体现地域特色的旅游目的地车站。

　　"一方水土养一方人，一方山水有一方风情"。大自然的鬼斧神工造就了湘西北多姿多彩、奇异绚丽的山水风光和地域风情。张家界以其得天独厚的旅游资源闻名于世，最具特色的石英砂岩峰林地貌，集"神奇、钟秀、雄浑、原始、清新"于一体，绵延重叠、数以千计的石峰，或孤峰独秀，或群峰相依，陡峭嵯峨、千姿百态，为世间罕见。

　　建筑设计结合自然风貌，将起伏的屋面轮廓抽象成错落有致、富有韵律的群山之势，表达与环境和谐共生的理念，勾勒出崇山峻岭相互比肩的生动画面。结构汲取了当地土家族干阑式建筑的特点，建筑符号提取土家织锦常用的"西兰卡普"的装饰符号，形成站房整体风格的基调。两侧坡屋面层叠出挑，中间主入口形成风雨门廊，重构了湘西"廊桥百里"的画面，其中八方柱是当地民居"吊脚楼"的构成元素，取意"有朋自远方来不亦乐乎"，以博大胸怀，喜迎八方宾客。

　　张家界西站设计，吸取地方传统文化的精髓，在"有青山、有祥云、有廊桥、有故事"的人文建筑理念中，追寻韵律与节奏的和谐，探究功能与形式的统一。在后期装饰施工过程中，施工单位按业主要求增加了过多的细节装饰，显得不够干净利落，留下一些遗憾，但整体上还是体现出了浓郁的地域文化特色。

225

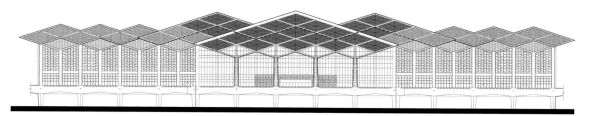

立面图一

立面图二

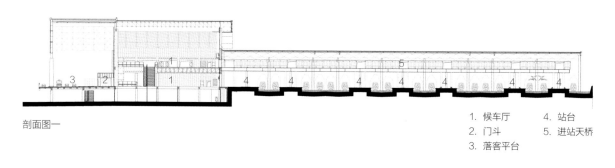

剖面图一

1. 候车厅	4. 站台
2. 门斗	5. 进站天桥
3. 落客平台	

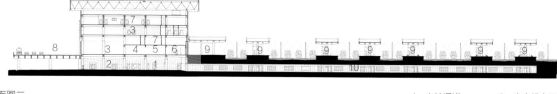

剖面图二

1. 出站通道	6. 贵宾候车区
2. 出站厅	7. 设备及其他
3. 旅客服务	8. 落客平台
4. 军人候车区	9. 站台
5. 商务候车区	10. 出站地道

　　"土家织锦"西兰卡普是湘西地区土家族最重要的传统工艺，当地民族织锦，视之为智慧、技艺的结晶。图案用丰富饱满的纹样和鲜明热烈的色彩，表达对自然环境的深厚感情，以及对于美好生活的强烈向往。我们化整为零、去繁就简，提取了其中典型的菱形图案，提炼成符号化的几何图形加以应用，采用现代结构形式来表现。

桃源站

Taoyuan Railway Station

项目地址：中国湖南·桃源

总建筑面积：20270m²

站场规模：站台数2个，到发线3条

设计时间：2016年5月~2017年12月

竣工时间：2019年12月

合作建筑师：张丹、朱靖、万倩、周磊鑫

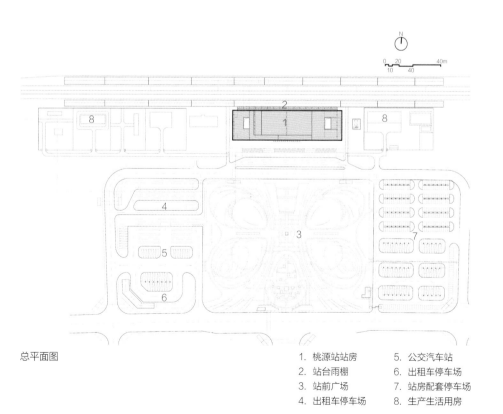

总平面图

1. 桃源站站房　　5. 公交汽车站
2. 站台雨棚　　　6. 出租车停车场
3. 站前广场　　　7. 站房配套停车场
4. 出租车停车场　8. 生产生活用房

黔张常铁路驰骋在渝鄂湘这块物产富饶、景色秀美的土地上，沿线自然风景秀美，旅游资源丰富。站房位于桃源县中心镇区西侧，距县城约8km，西部紧靠深水港乡，场地内以自然村落及农田为主，周边为丘陵地貌，远处群山环绕。高铁站的建成将给桃源旅游业带来新的发展机遇。车场规模为2台5线，设到发线5条（含正线2条）。桃园站采用"线侧平式"布局，总建筑面积为20270m²。

桃源县地处湘西北，位于武陵山与雪峰山余脉交会处，因千古名胜桃花源而得名，自古有"人间仙境、世外桃源"之美誉，正如陶渊明笔下《桃花源记》中为后人描绘的一幅优美、令人向往的世外仙界。桃源站建筑功能比较简单，规模也不大，但处于一个特定的自然环境条件下。车站以什么样的形态出现，其设计主题和风格是我们思考的第一步。师从自然，写意山水，表达一种悠然的气质、诗意的韵味，打造一种安逸、怡然自得的境界，是方案创作的基调，也是桃源站区别于黔张常线路上其他站房的文化主题。

站房造型采用舒展自然的弧形屋顶作为创作母题，结合室内空间，将其错落拼叠，形成左右不对称，但重心居中的均衡和谐的整体构图。中部高耸的部分对应进站广厅及候车大空间，两侧低矮的部分对应左右设备办公区。侧立面局部采用干阑式建筑形态，底层后退形成风雨廊道，二层悬挑出，为夹层设备和办公争取充足的使用空间。建筑色彩以黑白和木纹暖色为主色调，淡雅宜人。

设计从自然环境出发，寻找原始元素，化具象为抽象，将原有民居形态提炼，找出内在的本质特征及规律，表达富有地方风土人情的建筑特质。

菏泽东站

Heze East Railway Station

项目地址：中国山东·菏泽

总建筑面积：198690m²

站场规模：站台数6个，到发线11条

设计时间：2017年5月~2020年12月

竣工时间：2022年5月（预计）

合作建筑师：祝琬、石雨蕉、朱靖、廖成芳、赵鑫

1. 菏泽东站站房
2. 站台雨棚
3. 西广场
4. 东广场
5. 下沉广场
6. 商业服务
7. 长途汽车站
8. 公交地铁枢纽站
9. 铁路配套用房

总平面图

　　鲁南高速铁路菏泽段位于山东省临枣济菏发展轴，东起曲阜市，经过济宁兖州区、任城区、汶上县和嘉祥县，线路长160km。菏泽东站通过鲁南高铁连接东部沿海铁路通道，沟通山东半岛城市群；向北经泰安至曲阜、济南至泰安的城际铁路进入济南城市群经济圈，在曲阜沟通京沪快速客运通道，联通京九客专，同时向西南经鲁南高速铁路菏泽至兰考段，沟通以郑州为中心的中原城市群。

　　菏泽市地处黄河下游，境内除局部低山残丘外，其余均为黄河冲积平原，地势平坦，属华北平原新沉降盆地的一部分。车站位于日—兰高速南侧，距离菏泽市区7.6km，距离菏泽机场约20km。菏泽东站是鲁南高速铁路网中的重要枢纽，设6个站台，到发线11条，最高聚集人数4500人，车站总建筑面积158384m²，其中站房建筑面积61169m²。站房分3层，分别为出站层、站台层和高架层。站房最高点距广场地面最高点43m，距站台面38m。

1. 高铁片区总体规划与城市设计

我们同时完成了菏泽东站站房、高铁片区总体规划及东、西广场综合体设计。站房及广场综合体同时建设，总建筑面积达40万m²。我们借鉴和总结国内外先进经验，以打造"站城一体化"交通枢纽示范工程、创建城市未来生活的典范为目标，构建交通枢纽与城市和谐共生的可持续发展模型，恢复菏泽水乡生态肌理，使车站成为城市环境的一个有机组成部分。遵循TOD建设模式，与城市高效融合，在车站附近导入城市配套服务设施，形成高度复合的城市功能，引领站区西部老城区的现代化更新。

2. 复合化、差异化、便捷化的功能流线模式

采用"上进下出+差异化服务+便捷换乘"的全方位立体流线，有效缩短旅客步行距离，强调换乘效率。设计专属的贵宾进站通道、停车场及候车厅，充分体现旅客差异化服务。设置在出站层的城市通廊，连通东、西两侧下沉广场，成为便捷高效的旅客换乘通道，具有明确的交通导向和空间方位感。

3. 地域特色与门户形象

"菏泽牡丹甲天下，天下牡丹出菏泽。"菏泽是全世界面积最大、品种最多的牡丹生产基地。我们在站房入口采用尺度夸张的花瓣状钢结构形式的雨棚，表达牡丹"盛世花开"之意。菏泽，是秦汉以前古代中国名泽之一，是营造"陶为天下之中"的交通枢纽，也是菏泽市名的来源之本。菏泽境内的"四泽十水"是中华文明的重要发祥之水。菏泽东站流线型的整体造型、屋顶的流动韵律，充分展现"四泽十水"的地域特色。作为城市门户，车站舒展的立面如张开的长袖，表达"好客山东，欢迎八方来客"的情怀，同时也体现了拥抱未来的愿景。站房设计强调立面形式与空间高度统一，为旅客提供全新的空间体验，同时创造极具地域特色的建筑形象——多重意象的抽象表达，营造出"牡丹之都、生命之泽"的主题。

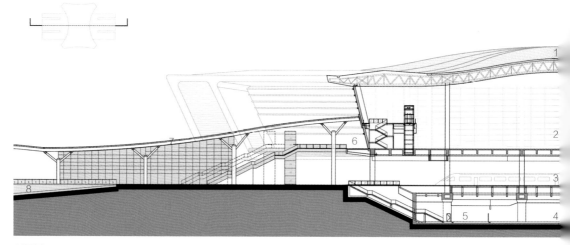

剖面图一

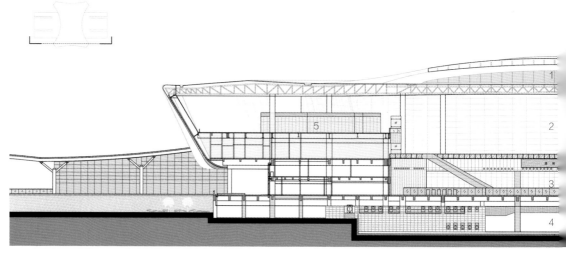

剖面图二

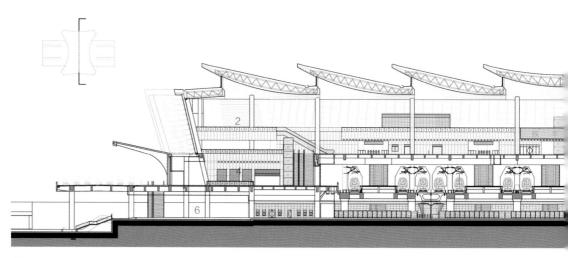

剖面图三

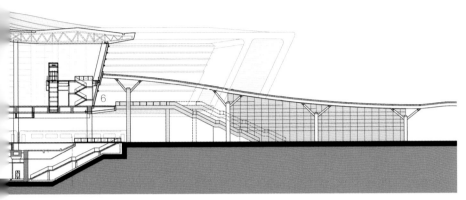

1. TPO屋面　2. 高架候车厅　3. 站台　4. 城市通廊　5. 出站厅　6. 进站平台　7. 站台雨棚　8. 行包通道

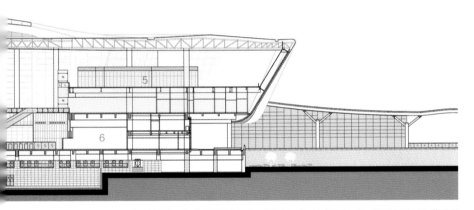

1. 高侧窗　2. 高架候车厅　3. 集散厅　4. 城市通廊　5. 旅服夹层　6. 售票厅

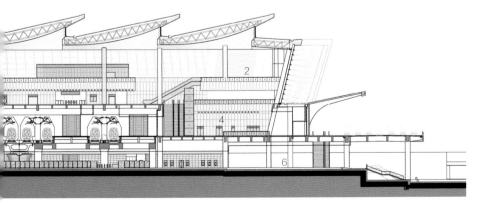

1. 高架候车厅　2. 旅服夹层　3. 站台　4. 集散厅　5. 城市通廊　6. 出站广场

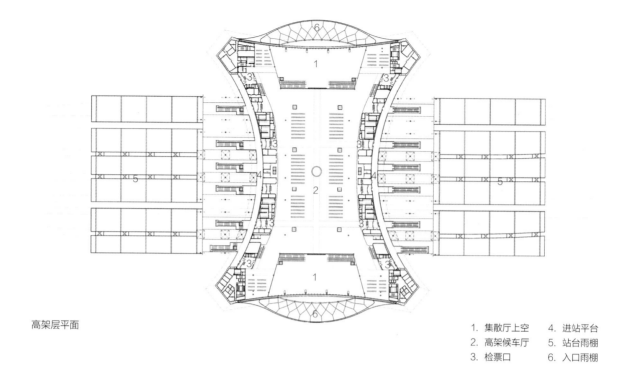

高架层平面

1. 集散厅上空　4. 进站平台
2. 高架候车厅　5. 站台雨棚
3. 检票口　　　6. 入口雨棚

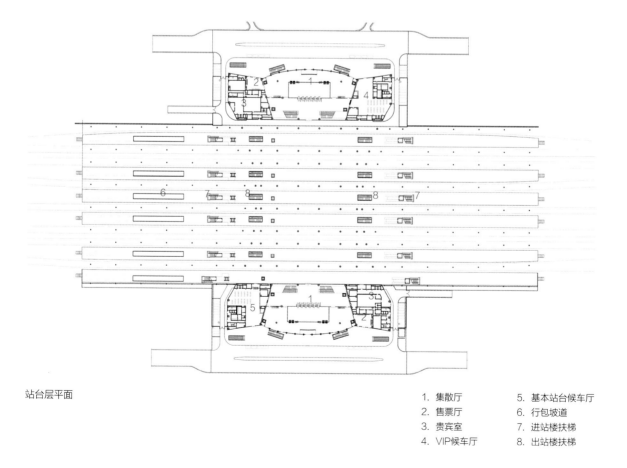

站台层平面

1. 集散厅　　　5. 基本站台候车厅
2. 售票厅　　　6. 行包坡道
3. 贵宾室　　　7. 进站楼扶梯
4. VIP候车厅　8. 出站楼扶梯

衢州西站及综合交通枢纽

Quzhou West Railway Station

项目地址：中国浙江·衢州

总建筑面积：157658m^2

站场规模：站台数4个，到发线7条

设计时间：2019年10月~2021年5月

竣工时间：2023年5月（预计）

合作建筑师：王力、姜俊杰、何天一、沈博健、
陶璐、田蓉、周磊鑫

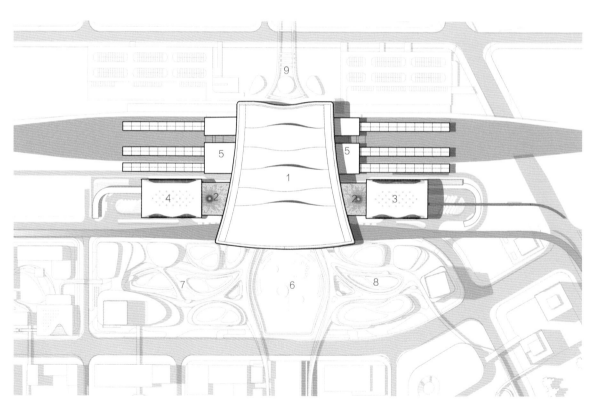

总平面图

1. 衢州西站站房 4. 公交枢纽综合体 7. 商业组团A
2. 换乘中心   5. 站台雨棚   8. 商业组团B
3. 旅游综合体   6. 站前东广场   9. 站前西广场

杭衢高速铁路位于浙江省杭州市、建德市和衢州市境内，在衢州城西设置衢州西站之后，衢州进入以杭州为中心的1小时交通圈，连接杭州城西科创大走廊，带动衢州"大花园"建设。杭衢高速铁路主线全长130km，全线共设建德、建德南、龙游北、衢江（预留）、衢州西、江山六座车站。

衢州西站站房及综合交通枢纽项目位于高铁新区核心区域，是衢州城市"西进"发展的标志。项目规模约15.5万m²，总投资约18.2亿元。其中衢州西站站房建筑面积约5.8万m²，一期设3台7线（含正线2条），最高聚集人数2000人；综合交通枢纽部分包含长途、公交及轻轨站，建筑面积约9.7万m²。设计秉承TOD城市开发理念，将打造一座富有科技感、未来感的城市综合交通枢纽。

1. 提升城市公共空间品质

高铁新区全面贯彻"大站场复合，小街区融合"模式，围绕高铁综合枢纽设置智慧商务、智慧文创、智慧生活等功能业态，打造智慧新城。总体规划扩展了城市生态绿化景观带空间，连接衢州西站与城市体育公园，形成全覆盖、多层次的步行系统，串联各功能区域。规划中的"云轨"与国铁站房及新区重要规划节点协同，搭建新一代的未来交通网络，为市民和游客提供多样化的出行体验。

以高铁综合枢纽为核心，多层级的广场将地上、地下不同标高的配套设施串联在一个可回游的路径之中，并与四通八达的城市慢行系统相连接，使西站交通枢纽形成多概念首层，最大化地激发各层的商业价值。

2. 创新融合的功能布局

为有效化解用地红线的限制，设计突破传统高铁站房的功能布局模式。本项目的高铁站房与综合交通枢纽形成T字形整体布局，遵循TOD开发设计理念，凸显功能的融合性，铁路车站与城市交通功能无缝衔接。

3. 开放的城市客厅

将站房进站广厅拓展成连通地上地下、横向延展的"城市客厅"。"城市客厅"为完全开放的"非付费区"，将不同标高的功能空间组织在一起，购票、餐饮、商业、休憩等空间有机串联，实现车站与城市功能的融合，成为开放的共享空间。

4. 旅客流线的关键因素——换乘大厅

采用"上进下出+快速进站+便捷换乘"的多方位立体流线，国铁与国铁，国铁与长途、公交、云轨之间的换乘高效有序。站房两翼设置的交通换乘大厅，宛如一个多层立体化十字路口，通过竖向交通光庭将国铁、机场快线、云轨、公交BRT、市区长途客车等流线高效连接，真正意义上实现枢纽内各类交通的"零换乘"。

5. 多样化的建筑空间

站房正立面巨型清水混凝土结构柱支撑的屋檐出挑深远，形成自然过渡的建筑灰空间，对高架落客平台进行全覆盖，实现无风雨进站。换乘大厅为半室外空间，也成为消防疏散的准安全区，明亮通透的玻璃穹顶，自然下垂形成漏斗式的"虫洞"空间，置入人工瀑布景观，营造出极具未来感的"宇宙时空"场所氛围。结合商业服务及休闲设施布置绿化景观，换乘大厅成为引人入胜的"积极空间"。候车大厅的高侧窗为室内带来充足的自然通风和天然采光，树形仿生结构柱、多层级的立体绿化，营造出一种"森林中的车站"的意境。

6. 城市新地标

衢州西站与衢州体育公园在同一个城市空间轴上，两者呈现出极大的风格差异。地景似的体育公园成为自然环境的一部分，而车站似一艘悬浮的星际巨舰，以极富动感和未来感的建筑形态，强化了车站的标识性和引导性。一静一动形成鲜明对比，丰富和完善了城市空间，共同组成城市新地标。

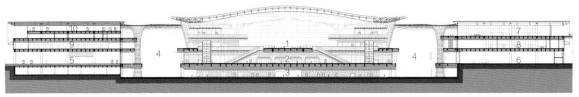

剖面图一

1. 高架候车厅	3. 出站换乘厅	5. 公交车场	7. 云轨换乘厅	9. 商业区
2. 进站广厅	4. 换乘中心	6. 大巴车场	8. 大巴候车厅	10. 办公区

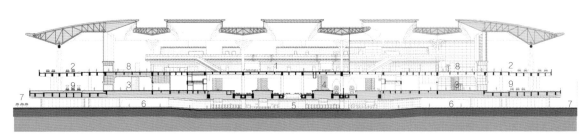

剖面图二

1. 高架候车厅	3. 站台层广厅	5. 城市通廊	7. 下沉广场	9. 地面落客区
2. 高架层落客平台	4. 站台区	6. 出站换乘区	8. 高架层广厅	

（10.0m）高架层平面图

1. 高架候车厅	3. 换乘中心	5. 商业区	7. 商务候车厅
2. 进站广厅	4. 大巴候车厅	6. 冠名贵宾候车厅	8. 进站通道

肆 / 未建成铁路客站设计创作方案

杭州西站

Hangzhou West Railway Station

项目地址：中国浙江·杭州

总建筑面积：站房558960m²，综合体1126890m²

站场规模：站台数11个，到发线20条

设计时间：2018年7月

合作建筑师：张丹、姜俊杰、张思然、何天一

杭州，一座长江三角洲的中心城市，一座充满灵动与诗意的青山绿水的城市，一座科技创新的城市，一座历史与未来交融的城市。杭州西站，作为杭州与中西部城市连接的重要门户、杭州与长三角城市联络的城际枢纽，同时也将成为杭州"城西科创大走廊"的核心，成为杭州创新驱动发展的新动力。

杭州西站位于主城西北部生态带，"未来科技城"核心片区北侧。方案设计借鉴和总结国内外先进经验，结合杭州城市发展需求，以打造"站城一体化"交通枢纽示范工程、创建城市未来生活的典范为目标，实现新一代铁路交通枢纽全方位的设计创新。

1. 总体规划

打破传统火车站"城市孤岛"的效应，构建交通枢纽与城市和谐共生的可持续发展模型，我们遵循如下设计原则：城市功能复合化、城市交通高效化、土地使用集约化、生态环境多样化。

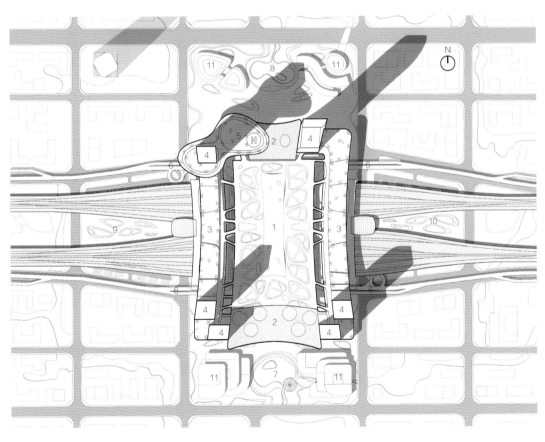

总平面图

1. 站房（屋面花园）　　7. 进站广场
2. 城市客厅　　　　　　8. 北进站广场
3. 跨线商业开发　　　　9. 西进站广场
4. 超高层塔楼　　　　　10. 东进站广场
5. 城市云台　　　　　　11. 站前商业开发
6. 高架匝道

以杭州西站站房为核心、高度融合城市功能形成综合体，建立新型站城关系：成为杭州西部公共副中心，成为杭州创新服务中心。

全面整合城市交通体系，依托城市轨道交通实现无缝对接，实现快进快出。

遵循杭州城西水网密布的生态特点和气候特征，恢复江南水乡生态肌理，使车站成为城市环境的一个有机组成部分，一个绿色生态岛。

2．复合功能

采用"站城一体化"的开发思路，实现交通优先条件下的城市功能聚合，车站及城市的整体开发与建设有序进行。"站城一体化"将达到"社会效益、经济效益、生态效益"的最大化与最优化。

总体构型通过多方案比较与空间布置的推演确定。在站房东西两侧布置跨越车场的连接体，使城市服务空间最大限度地靠近车站，使南北两侧超高层连为一体；车站面向南北广场的空间完全打开，创造性地设置极富活力的城市公共空间——城市客厅，实现室外空间城市化。

突破传统的站前广场概念，站前广场作为车站的半室外空间，延伸至高架车场下方，形成南北广场与站房线下空间的融合与渗透，实现室内空间室外化。

城市功能布局：南侧高塔簇群，为商业服务、金融中心、科创中心、会议中心及高级公寓；北侧双塔，为企业总部、商务办公、国际酒店等；南北高塔之间连接体功能则为购物、餐饮、休闲、展示、旅游服务及多种文化设施，与车站旅客共享。

车站功能布置：地面层充分利用线下空间高度，中轴线上为贯通东西广场的城市通道，两侧为出站厅，外侧地面设置各类停车场；在地面层中心位置设置以地铁客流为主的快速进站厅。在7m标高夹层设国铁快速换乘通道、快速进站厅；设置出租车、网约车停车场，同时设贯通南北广场的公共通道。站台层线侧为售票厅、贵宾候车厅及管理办公用房，利用平台空间设置商业服务。高架候车层中部设置快速进站的垂直交通系统及安检、验证系统，方便旅客进入南、北两个候车区。候车厅内商业夹层设在南北两侧，落客平台外侧的城市商业服务综合体通过天桥与候车厅连接。

3．旅客流线

采用"上进下出+快速进站+便捷换乘"的多方位立体流线，有效缩短旅客步行距离，强调换乘效率，是本方案选择站型的根本出发点。我们设计的关键在于，在线下空间形成十字形的交通空间，旅客所有流线都集中在这个空间之内，便捷、高效，形成明确的交通导向和空间方位感。

充分利用高架车场线下空间，将十字形的交通空间中心设为地面快速进站厅，东西两侧各类停车场设直达高架候车层的垂直交通，南北两侧各设一组垂直交通，形成最便捷的无缝换乘流线。

4. 公共空间

面临广场开放的"城市客厅"，在实现"站城融合"功能的同时，创造出极富特色的城市共享漫游空间。站房屋顶以城市广场的形态出现，东西两侧的服务设施激活人气，北侧双子塔之间设置的"空中会客观光厅"成为视觉焦点。

在地面层、线下夹层、高架层设置穿过车场的自由通道，加强南北联系，串联整个"站城综合体"，形成立体的慢行系统和"回游网络"，带来全新的城市公共空间体验。

5. 建筑技术

采用"站桥一体化"的结构形式，节省工程造价，缩短工期；充分利用车场30m间隙，布置光塔，在车站核心处引入自然采光和通风，改善线下空间环境；广泛采用绿色生态技术和海绵城市设计策略，打造绿色车站。

6. 建筑形式

①山水意象的表达：杭州西站位于富春江之北，吴山寡山之南，河流纵横，水网密布，极具江南魅力。我们提炼《富春山居图》的传统意象，体现自然之形态，创造出绿水青山的意境。②科创新城的体现：杭州西站作为杭州"城西科创大走廊"的核心，是杭州面向未来发展的新动力。我们通过简洁的形体，形成南低北高的超高层塔群，极富动感与活力，象征科技的力量，体现杭州"精致和谐、大气开放"的城市精神。

成为城市门户的杭州西站暨站城综合体，与城市和谐共生，完美阐释杭州传统文化的精髓和现代城市的形象，也向全世界展示出杭州人民的文化自信。

屋面花园透视图

胶南站

Jiaonan Railway Station

项目地址：中国山东·青岛

总建筑面积：119350m²

站场规模：站台数6个，到发线10条

设计时间：2016年3月

合作建筑师：王力、姜俊杰、胡华芳、张丹

总平面图

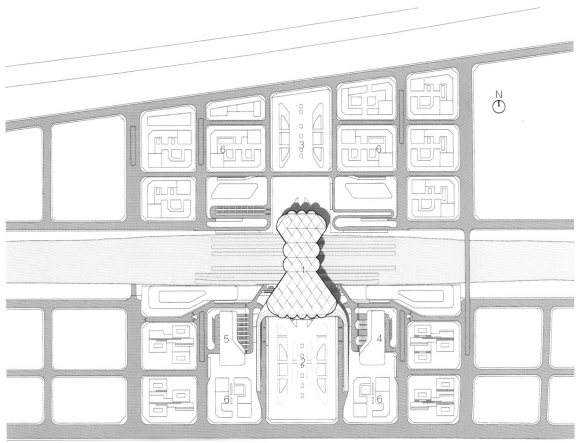

1. 车站站房   4. 长途客运站
2. 车站南广场   5. 公交车站
3. 车站北广场   6. 商务中心

1. 站区规划设计

（1）全面整合车站枢纽与城市交通体系，采取多种措施，分解地面交通，使进站和出站车流不受过境交通干扰，实现快进快出。

（2）考虑原始地形标高，南广场平站台面，北广场高站台面10m，方案采用上进下出流线。南广场地面层设置大型公交和长途车场，地下一层设置出租车和社会车场，北广场地面层设置公交车和出租车场，地下一层设置社会车场。

（3）采用站城一体化的开发思路，以车站为中心的高度功能复合及文化设施导入，充分挖掘出车站周边地块的商业价值，创造出城市的魅力与繁华。

（4）形成以车站为中心的步行者通行网络，结合地形特征、不同功能建筑群形成空中、地下多层次的步行商业街区。

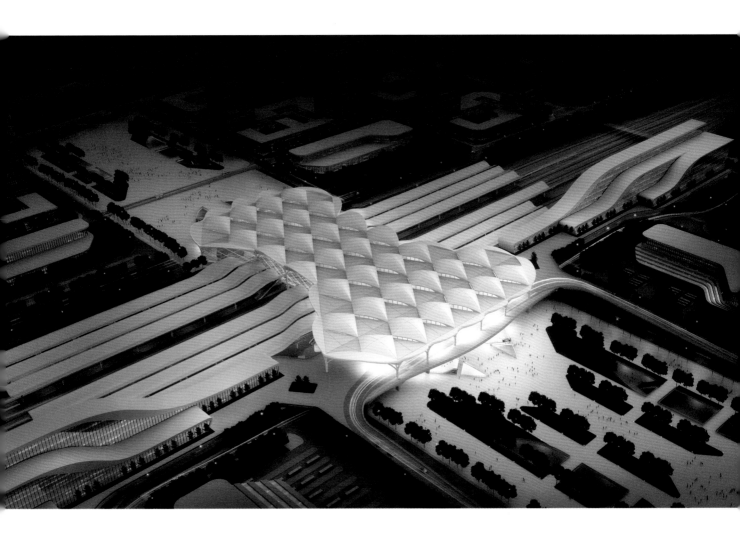

（5）站区分期建设，近期为四个站台，以南广场侧站房及配套开发为主；远期搬迁车辆场，扩充站台，再延伸高架站房，增加北广场侧配套开发。

2. 车站建筑设计

蓝色梦想，涌浪黄岛。建筑与山海相间，人文与自然契合。站房屋盖伴海浪跌宕起伏，空间随平面自然生成，在天地间划出一道道优美的曲线，层叠渲染指引着空间的走向，向匆匆的人群传达着胶南站极具未来感的气质。

胶南站主站房采用独特的单元结构体系，依据站房功能可自由生长、变化、发展，适应站房分期实施的需求。单元体的大部分结构构件可预先加工，现场安装，提高施工效率。单元体屋面用单曲面模拟成双曲面，在满足建筑造型需求的前提下，也在使用功能与经济性上也取得了平衡，达到"实用、经济、绿色、美观"的效果。

错落有致的站房屋面，采用自动控制的高侧窗系统，使自然光和自然风能够进入室内，让旅客在室内也能够感受到青岛优越的自然环境和气候。注重室内绿色微环境的营造，结合候车大厅不同层次的商业空间，设置品种丰富的绿化植被，提高候车旅客的舒适感。

雄安新区城际铁路雄安站

Xiong'an Intercity Railway Station in Xiong' an New District

项 目 地 址：中国河北·保定

总建筑面积：226380m²

站 场 规 模：站台数9个，到发线16条

设 计 时 间：2018年1月

合作建筑师：张丹、姜俊杰、戴维、张思然、何天一

　　雄安，一个具有重要历史意义的新区，一座领军绿色经济的国际创新型都市，是千年大计、国家大事。雄安新区以世界眼光谋划，按国际标准建设，充分发挥京津冀优势，将为中国开辟出通向未来的新航线。新建北京至雄安新区城际铁路雄安站，与北京大兴国际机场形成区域性交通枢纽，是雄安新区乃至整个京津冀地区发展的重要引擎。

1. 生态优先

　　遵循雄安新区生态优先、构建"蓝绿交织、水城共融、生态宜居城市"的可持续发展理念，结合白洋淀湖区自然生态属性和气候特征，通过自然生态环境的营造，使车站成为环境的一个有机组成部分，一个绿色生态组团。全面整合车站枢纽与城市交通体系，形成立体交通系统。使进、出站车流通过专用道与城市快速路网直接连通，实现快进快出。突破站前广场的传统概念，拓展城市功能，实现"站城融合"。

2. 城市客厅

　　创造性地在车站主广场设置"城市客厅"，与站房自然连接，解决交通换乘的同时，提供商务、办公、会议及快捷酒店，实现真正意义上的"站城融合"。引入城市生态景观系统和慢行系统，交通枢纽空间向城市开放，带来全新的城市公共空间体验。

3. 立体流线

　　采用"上进下出+下进下出"的全方位立体流线，强调换乘流线，有效缩短旅客步行距离，提高进出站效率，是本方案设计的最大特点，也是选择站型的根本点。高架候车厅提供安静舒适的候车环境，线下空间则提供多种换乘及商业服务。充分利用高架车场线下约12m净高的空间，设置快速进站系统和换乘系统，形成高效的立体进出站模式，达到全天候的无缝换乘。城市航站楼、长途及公交中心、快速轨道交通等，紧邻站房布置，形成最便捷的换乘流线。

4. 建筑风格

　　盛世雄安，圣洁莲花——方案秉承"世界眼光，国际标准，中国特色，高点定位"的设计理念，体现"中西合璧、以中为主、古今交融"的设计原则，表达地域文化特色。站房融合多种中国元素，整体造型契合中国传统建筑的形态与美感，极富中国传统建筑文化的感染力。流畅的屋顶两端微微向上升起，如巨龙升腾，大气恢宏。主体形态如莲花盛开，又仿佛双手合十的祈福，彰显出建筑结构的力与美，呼应着白洋淀的生态环境。

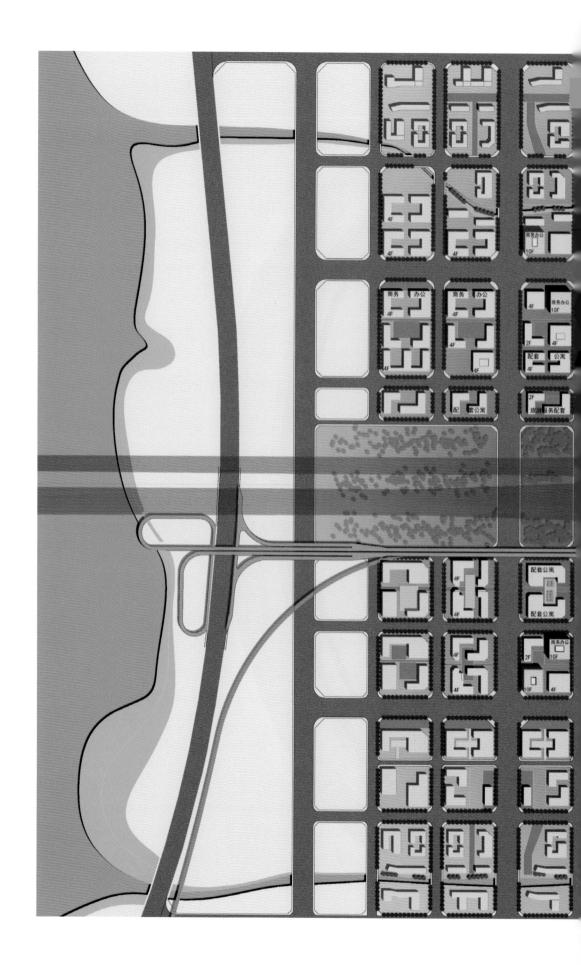

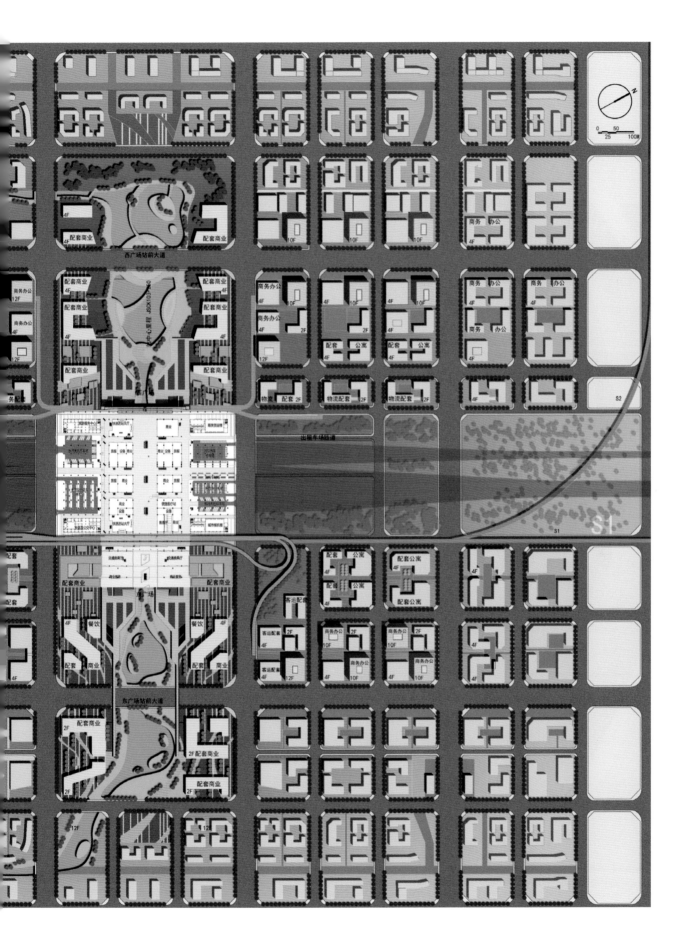

商务办公
12F

商务办公
4F

商务办公
12F

务配套

4F 配套商业

4F 配套商业
西广场站前大道

配套商业
4F

配套商业
4F

配套商业
4F

配套商业
4F

中心里程 JSGK10□7□□0

配套商业
4F

配套商业
4F

候厅

商务办公
4F

商务办公
10F

商务办公
4F

商务办公
2F

配套 公寓
4F

配套 公寓
4F

物流 配套 2F

物流配套 2F

物流配套 2F

商务 办公
4F

商务 办公
4F

商务 办公
4F

商务 办公
10F

商务 办公
4F

商务 办公
4F

商务 办公
4F

商务 办公

商务 办公

S2

出租车场地通道

S1

配套商业

配套

4F 餐饮 餐饮 4F

配套 商业 配套 商业

4F

东广场站前大道

配套公寓
4F

配套 公寓
4F

配套公寓
4F

客运配套

客运配套 2F
4F

客运配套
4F

客运配套
12F

商务办公 2F
10F

商务办公
10F

商务办公 2F
10F

商务办公
4F

4F

4F

4F

配套商业
2F

2F 配套商业

配套商业
2F

12F

12F

287

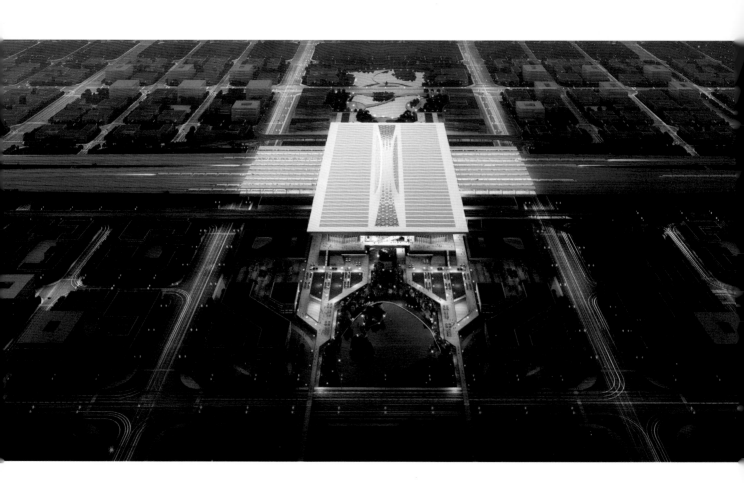

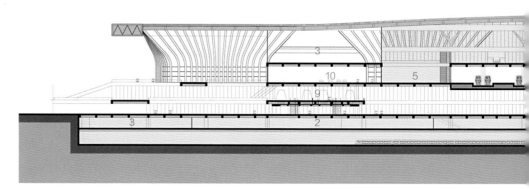

剖面图

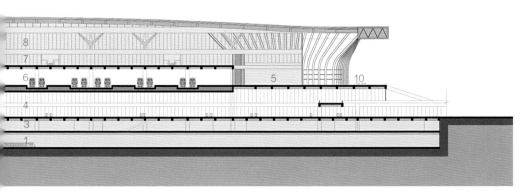

1. 地铁站台层   6. 站台
2. 地铁站厅层   7. 站高架候车层
3. 商业区   8. 商业夹层
4. 城市通廊   9. S1、S2线站台
5. 进站广厅   10. 落客平台

盐城市综合交通枢纽

Yancheng Comprehensive Transportation Hub

项目地址：中国江苏·盐城

总建筑面积：116220m²

站场规模：站台数9个，到发线16条

设计时间：2016年11月

合作建筑师：祝琬、石雨蕉

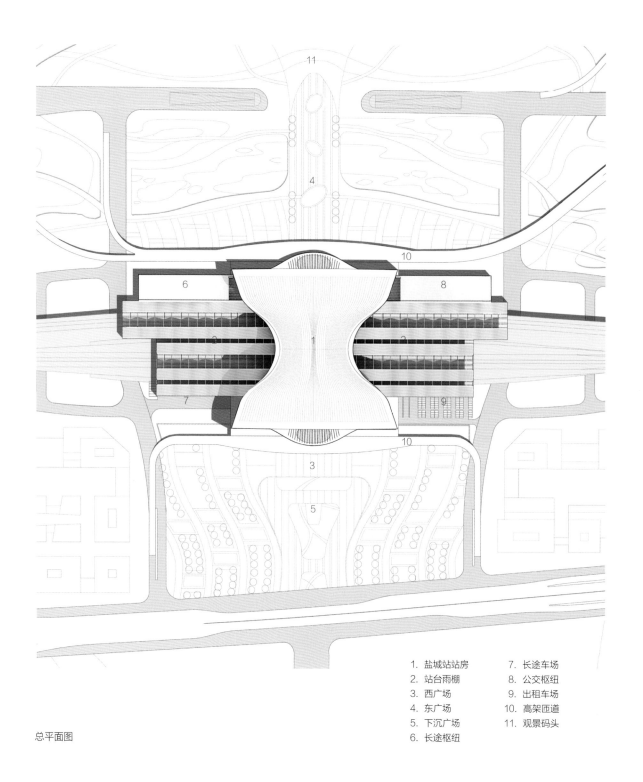

1. 盐城站站房　　　7. 长途车场
2. 站台雨棚　　　　8. 公交枢纽
3. 西广场　　　　　9. 出租车场
4. 东广场　　　　10. 高架匝道
5. 下沉广场　　　11. 观景码头
6. 长途枢纽

总平面图

1. 项目概况

盐城位于中国东部沿海，江苏省中东部，长江三角洲北翼。盐城拥有江苏省最长的海岸线，最大的沿海滩涂，最广的海域面积，同时也是麋鹿和丹顶鹤的家园。"十三五"期间，江苏铁路建设也迎来重要的发展机遇。盐城将成为京沪高铁徐州以南最重要的分流通道，形成我国沿海铁路交会点，是胶东半岛、苏北地区连接上海、苏南、浙江地区的重要枢纽。

本次规划设计范围为世纪大道以北，青年路以南，范公路以东，通榆河以西。总用地面积约为1700亩。站房建筑规模为5站台12线，主站房总建筑面积5.5万m²。

2. 设计策略

（1）区域中心

基于对盐城市总体规划和交通枢纽建设的综合分析与研究，我们将盐城综合交通枢纽定位为：区域性综合交通枢纽、高效能交通枢纽、绿色生态交通枢纽、智慧化交通枢纽。建设以综合交通枢纽为中心的"交通综合服务区"，与城北老城商业中心、城南行政文化中心和河东片区的河东中心形成"四心联动"的网络化发展格局，这些区域各具特色，相辅相成，协调发展。

（2）站城一体

根据TOD理论，规划确定盐城交通枢纽未来的空间发展模式是，以枢纽核心为原点，各级"功能圈层"向外逐步发展，即以步行距离和时间为基准，划分为三个圈层：步行距离1km以外的区域受车站影响较弱，铁路枢纽对其起到间接催化作用，功能分布为居住、教育等公共服务组团；步行距离1000km范围内将商务办公与创意产业、文化展览、会展会议、餐饮购物、休闲娱乐等设施统一布置，实现站城一体化开发；在步行距离500m范围内，站房主体与交通基础设施、商业餐饮、酒店等配套设施综合开发，实现交通组织活动的高效性、连续性及多样性。

3. 总体规划

（1）高铁新城，特色小镇

由城市道路围合而成的项目用地，扩展延伸至范公路以西的城市区域，作为盐城高铁新城的核心区，形成以铁路交通枢纽为主题的特色小镇，促进交通枢纽与城市的协调发展。

（2）枢纽与城市交通体系的全面整合

采取多种措施，分解地面交通，使进站出站车流不受过境交通干扰，实现快进快出。

（3）枢纽与城市环境的和谐共生

完善城市功能，激发城市活力，进行交通配套设施、旅游、商务和商业开发，并依托城市轨道交通的便捷性，进行高强度的地下空间开发。

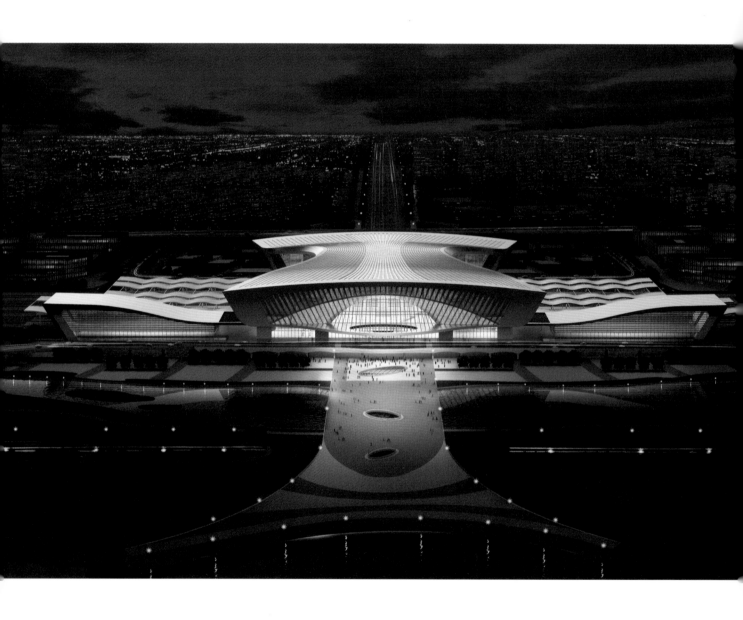

（4）枢纽与周边地块的功能互补

以交通枢纽核心区作为东西双城整合的功能环，通过东西广场的串联及延伸，实现盐城枢纽整个区域的产业转型与品质提升。

4. 站前广场及景观空间

采用线测高架进站模式，站场高架、地面层贯通城市东西广场。我们将东广场确定为交通组织及景观广场，东站房南侧布置公交及出租车调度中心综合楼，北侧布置长途汽车站综合楼，结合水体及绿化形成独特的生态景观广场。我们将西广场确定为城市综合广场，进行配套建设与城市开发，设置商业街区、商务办公及酒店公寓组团，形成枢纽与组团的协调发展。

东广场为主要交通集散广场，亦为景观广场，高架匝道与滨河公园景观结合设计，形成独特的水上综合交通枢纽建筑。西广场设下沉广场配套商业服务设施，东、西广场结合景观设计和出站通道形成中轴视线通廊，强调广场绿化环境的营造，形成车站重要景观节点。东、西广场景观轴向外延伸，与城市广场、滨水绿地串联形成城市绿轴。

5. 塑造地域特色

东广场成为景观中心，将通榆河水系与广场水系融为整体，形成滨水湿地公园。站房主体及两侧的长途、公交枢纽建筑，三位一体，共同形成舒展完整的建筑形象，粼粼倒影中犹如丹顶鹤舞动于水面，充分体现"腾飞之翼"的寓意。设计以"水"为创意出发点，提炼水乡环境特色，隐喻流水之动感，打造"水绿盐城"的建筑意象；枢纽主体在两侧波形建筑衬托之下，如船行大海，体现盐城海洋文化特色。多重意象的抽象表达，营造出盐城交通枢纽的地域文化特色。

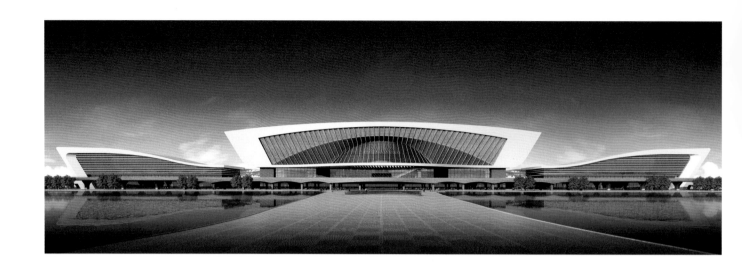

长沙西站

Changsha West Railway Station

项目地址：中国湖南·长沙
总建筑面积：站房334570m²
站场规模：12台22线（含正线）

设计时间：2018年12月
合作建筑师：祝琬、石雨蕉、姜俊杰、张思然、
王鑫、陈逸寒

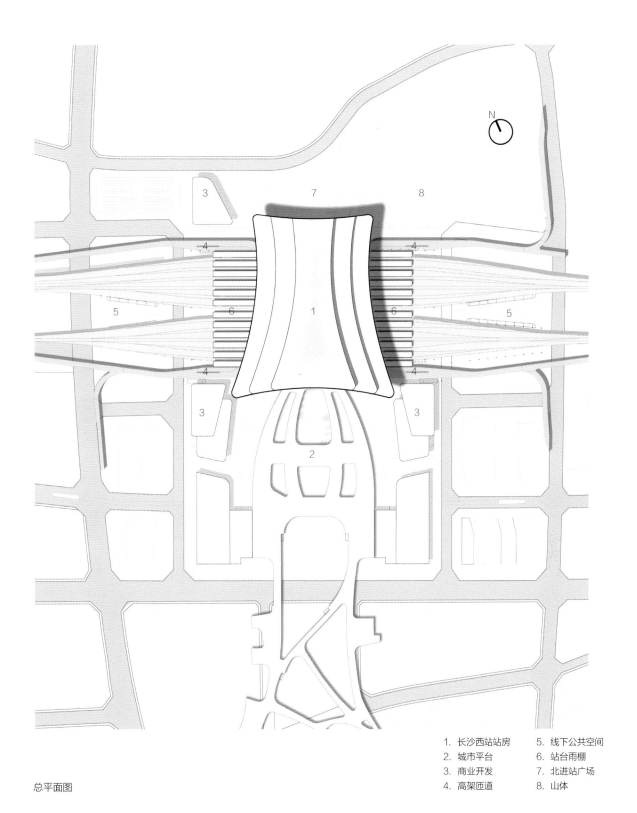

总平面图

1. 长沙西站站房
2. 城市平台
3. 商业开发
4. 高架匝道
5. 线下公共空间
6. 站台雨棚
7. 北进站广场
8. 山体

长沙西站，作为长沙高铁西城的重要战略节点，将实现渝长厦高铁、京广高铁、沪昆高铁的互联互通，实现长株潭城际铁路与石长铁路的互联，成为长沙西拓发展的新动力。长沙西站是长株潭城际铁路西延线终点站，距离长沙南站约26km，距离黄花机场约40km。长沙高铁西城位于大长沙战略布局西部咽喉之地，是长沙向西的门户所在地，规划总用地34.57km^2。长沙西站车场规模为12台22线（含正线），站房建筑面积10万m^2，车站总建筑面积25万m^2，最高聚集人数为3000人。

1. 片区概念规划

核心引领——以长沙西站为核心，引领站前科技创新核、产业创新服务核。

生态成网——规划坚持生态优先、绿色发展，构建蓝绿交融、山城融合的生态网络基底。

山水为轴——传承中国传统营城"中轴"思想，沿雷高路建设中央公园，与长沙西站构建创新发展中轴。

组团嵌入——依托水网、绿网、路网，依山形地貌，与自然联动，将组团功能自然化、细胞化，保留生活的丰富性与多样性。

2. 道路规划与交通设计

高铁西城为双"井"骨干道路结构：外"井"由银星路、岳麓大道、三环线、黄桥大道四条快速路组成，承担西站与城市中心、副中心交通快速集散功能。内"井"由黄金大道、马桥河路、郭亮路、青山路四条主干路组成，快速串联新区各重要组团、衔接高架落客平台。为增强枢纽与城市的衔接，我们在方案设计中新增站前北路下穿北广场，实现人车分流。至此构成"两纵三横"的环形交通网络。

3. 非对称的车站构型

采取因地制宜的设计策略，从环境分析出发，采用南北非对称布局。车站北面面向高铁新城，向广场空间完全打开，创造性地设置极富活力的城市公共空间——城市客厅，北站房东西两侧各5万方商业综合体，通过城市客厅连为一体；车站南侧紧靠山体，没有建设用地和城市发展空间，依次弱化南侧功能，仅保留进出站条件和停车场地。车站构型自然形成南北非对称布局，北面成为主立面。站前广场在地面延伸至高架车场下方，形成南北广场与站房线下空间融合与渗透，广场通过步行坡道连接高架平台层，延伸至南侧山脉，串联南北景观，实现城市景观轴的延续。

4. 多样化的旅客流线

采用"上进下出+便捷换乘"的多方位立体流线，有效缩短旅客步行距离，强调换乘效率。贵宾采用单独流线和候车空间，为不同类型旅客提供差异化的服务。

5. 建筑造型及创意

　　大自然的巧夺天工，将岳麓山、湘江、橘子洲与长沙城形成全世界独一无二的山水洲城格局。"一江两岸，山水洲城"，是大自然赐给长沙的最好礼物。本案背山面水，绵延起伏的屋面犹如水波之动感，体现自然之形态，创造出绿水青山的意境，充分演绎"山水名郡"的城市特征。湖南省自古就有"芙蓉国"之雅称。本案层叠掀起的屋面，形成高地错落的立面形式，自然映衬出"芙蓉花开"之意。多重意象的抽象表达，营造出"山水洲城、芙蓉之国"的主题，完美体现长沙西站的地域文化特色。

西安站

Xi' an Railway Station

项目地址：中国陕西·西安

总建筑面积：116220m²

站场规模：站台数9个，到发线16条

设 计 时 间： 2014年7月

合作建筑师：姜俊杰、张丹、尹博维

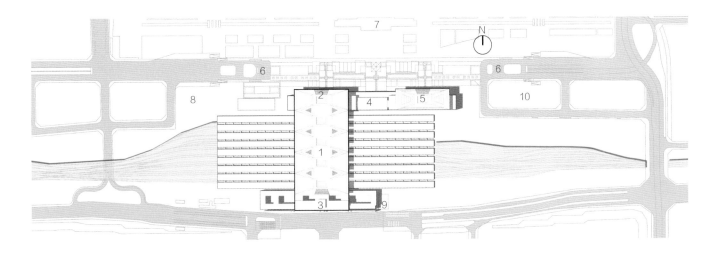

总平面图

1. 高架站房   6. 公交蓄车场
2. 北站房   7. 丹凤门
3. 南站房   8. 预留商业用地
4. 转换厅   9. 南侧换乘大厅
5. 东配楼   10. 商业地块

西安古城，千年故都。在古城的核心区，遵循原有空间次序，保持新建车站的克制，维护古城历史文脉的延续，是我们方案设计的根本出发点。

1. 项目概况

西安古称长安，是陕西省省会，我国西部地区重要的中心城市，世界历史文化名城。西安有着3100多年的建城史和1100多年的建都史，旅游资源得天独厚，是世界著名旅游胜地。西安站位于西安市中心地带，是城市主要客流集散地，与西安北站构成枢纽内两个主要客运站。

西安站始建于1934年，历经数次改扩建，目前的西安站为20世纪90年代建造。车站位于西安市城市中心地带，南侧紧邻西安古城墙，北侧紧邻唐大明宫遗址保护区。本次改扩建新增3台7线、站房客运用房5万m²，另增加配套服务用房约15万m²，车站最高聚集人数12000。

2. 总体规划与功能布局

利用城市轴线营造广场空间，呼应周边环境。我们将南北站房的中轴线重合，东配楼和北站房以丹凤楼中轴线为中心，东西对称布局，作为大明宫遗址公园的对景，形成均衡的北广场空间。新建筑尺度与丹凤门、古城墙及原有站房形成协调统一的关系。广场设计借鉴"九宫"格局作为构图要素，设于丹凤楼正前，形成整个北广场的空间核心。整个空间视线通达，新、老建筑互为对景。设计时分析了丹凤门到大雁塔的视线，推敲出各单体的体量高度。

3. 站区交通路网改造

路网改造包括整合城市交通体系，改造城市路网，改善外部交通条件。西安站站区受南侧城墙和北侧大明宫遗址公园的限制，在总体规划思路中，将环城北路和自强东路均下穿，上部可形成完整的广场步行区域。结合自强东路下穿段设置辅道，联系北站房和东配楼的地下停车场。把社会车场设在地下二层，出租车场设在地下一层，使各车场尽量靠近站房中心，人车分离、长效管理。

4. 完善车站服务功能

将站房、东配楼、地下空间三位一体布置平面。在丹凤楼对景处设立中央换乘大厅，联系各单体、通道、地铁及车场，是本方案换乘交通组织的核心所在。

为适应铁路现代客运枢纽建设与城市市政功能相结合的发展趋势，充分利用交通客流产生的商业价值，提升资源利用效率，我们对铁路交通与城市功能系统的有机整合进行了建议性研究。东配楼在站场周边，紧邻大明宫遗址公园，经过业态分析，确定以会议型商务酒店为主题，整合五大功能块，从管理运营模式上考虑统领全局，力求精品化、高端化，避免分散式业态的随机性和无组织性。

5. 含蓄内敛的建筑形式

唐风汉韵体现了华夏建筑的精髓，是一种"朴素的高贵"。阙，始源于防卫需要，溯源于门，汉代常成对建阙于城门或建筑群大门外，表示威仪等第。设计提取阙的符号，作为立面的构图中心，与丹凤楼形成完美的整体。从含元殿视角看，一左一右耸立于丹凤楼两侧，正暗合了古建序列关系。浑厚有力的"台基"统一建筑序列，"台基"形式取城墙及高台的意向，与丹凤楼的基座材质和色调相呼应，使北广场建筑群气魄宏伟，严整又开朗。"台基"下为底层架空柱廊，上为游览平台，行人旅客可观赏可休憩，为本方案的外部空间特色。

主站房屋顶汲取传统元素并加以简化，由五个单元组成，舒展平远，井然有序，与现有南站房屋顶轮廓完美衔接，形成西安站独特的建筑风格。

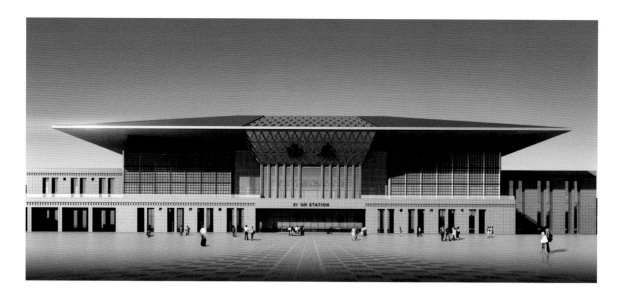

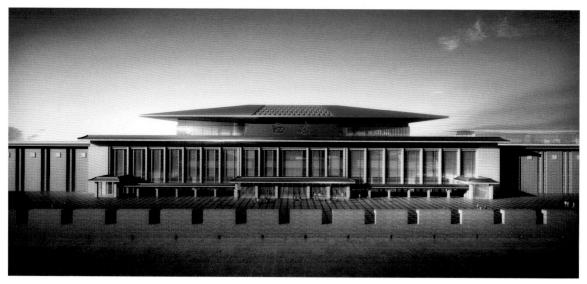

荆门西站

Jingmen West Railway Station

项目地址：中国湖北·荆门　　　　　　　　设计时间：2020年11月

总建筑面积：站房78786m²　　　　　　　　合作建筑师：姜俊杰、张思然、何天一、王鑫

站场规模：5台9线

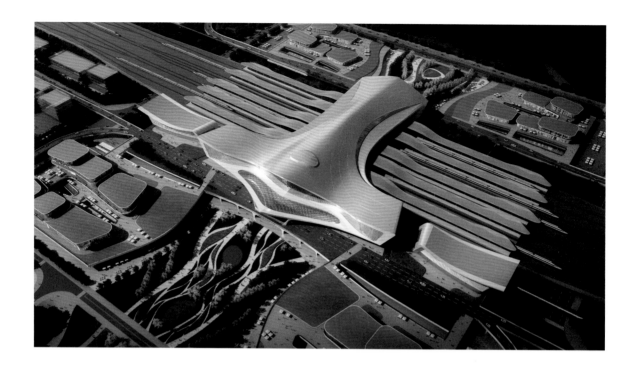

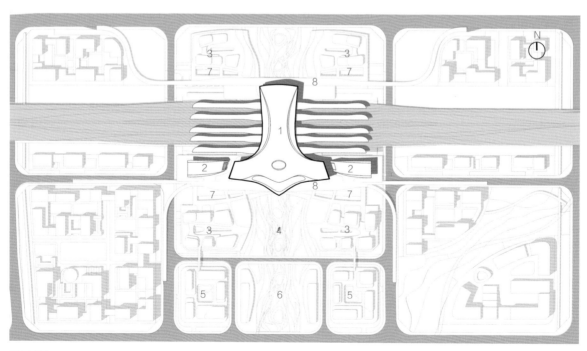

总平面图

1. 荆门西站　　　5. 站前开发
2. 综合体　　　　6. 城市公园
3. 站前商业　　　7. 换乘光庭
4. 站前广场　　　8. 高架匝道

新建武汉至宜昌高速铁路荆门西站，位于高铁新城核心区，是城市"西拓"发展的标志所在。设计充分秉承TOD开发理念，打造一座极富时代特征的城市综合交通枢纽。荆门西站站场规模5台9线，站房总建筑面积7.88万m²，最高聚集人数3000人。

1. 环境优先的总体规划策略

高铁新城定位为"以生态景观为特色的站城一体化新型城市枢纽门户"。方案打破传统火车站的"孤岛效应"，贯彻"交通引领城市发展"的TOD开发模式，构建交通枢纽与城市和谐共生的可持续发展模型，形成交通职能完备、城市功能完善、环境优美和谐的高铁新城。

高铁新城西侧紧邻全国知名的漳河水库，水网密布，生态环境宜人。设计意图恢复蓝绿交织的生态肌理，使车站成为自然生态环境的一个有机组成部分。规划充分融合自然，扩展中央景观绿核，绿廊沿站前区坡地渗透至站房，直达城市西侧漳河水库及爱飞客镇。多层次的步行系统串联各功能区域，形成融于自然的活力廊道。

2. 创新融合的功能及流线

站房构型以城市东侧为主导方向，突破传统功能布局模式，以东站房进站为主，西站房进站为辅，合理重配站房面积，适当扩大东站房面宽，整体形成了"T"字形布局。将城市服务空间最大限度地靠近东房，设置智慧商务、智慧文创、智慧生活等功能业态。国铁站房、综合交通枢纽、规划"云轨"协同搭建新一代的未来交通综合体，为市民及游客提供便捷的出行体验。

综合交通枢纽与站房有机整合为一体，以"上进下出+差异化进站+便捷换乘"的多方位立体流线，大幅度缩短旅客步行距离，实现真正意义上的"零距离"换乘。通过城市客厅及换乘通廊的导入，以理性高效的功能布局、简洁明晰的交通流线和换乘体验共同构成高效创新的车站模式。

3. 地域文化特色的时代性表达

建筑室内外空间浑然一体，候车大厅内由格构柱与屋面空间网架系统形成整体，具有良好的稳定性和承载能力，室内空间摒弃了繁冗的装饰，体现结构逻辑。富有韵律的格构柱似一片片"凤羽"，隐喻了"凤凰于飞"的设计主题。自然光经屋面高侧窗，通过室内金色ETFE透光膜的过滤后，转化为柔和的漫射光，完全避免了眩光和阳光直射。柔和均匀的天然光线透过"凤羽"散发出来，给旅客创造了高品质的候车体验，建筑空间生动而富有生命力。

湖北荆楚文化的特质是浪漫主义，楚文化的图腾为凤凰。"不鸣则已，一鸣惊人；不飞则已，一飞冲天"，"凤凰涅槃，浴火重生"，楚文化体现出强烈的超越生命力的精神韧性。站房造型灵动，体现了高铁新时代城市高速发展的特征，表现了敢为人先、勇于开拓进取的精神风貌。"凤凰鸣矣，于彼高岗"，站房构筑了城市最独特的标志性形象，流动的形体展现出腾飞之势。站房西立面的形象演化自漳河水库的自然意象，与站房主立面及候车大厅的设计手法互为呼应，体现"凤凰"这一设计主题，成为荆门这座城市独有的荆楚文化符号。

　　车站西面为漳河水库，东面为高铁新城。东西站房采用非对称的处理方式，与功能流线相对应，与城市环境相呼应。

伍

作品年鉴

铁路客站设计作品年鉴

2005年　武广客运专线　长沙南站

设计时间：	2005年11月~2012年9月
竣工时间：	2009年12月（一期）2014年7月（二期）
总建筑面积：	263780m²
站场规模：	站台数12个，到发线22条
最高聚集人数：	7800人
合作建筑师：	廖成芳、熊伟、朱靖、程飞、王力

2006年　武广客运专线　衡阳东站

设计时间：	2006年7月~2008年10月
竣工时间：	2009年12月
总建筑面积：	89090m²
站场规模：	站台数4个，到发线9条
最高聚集人数：	1600人
合作建筑师：	廖成芳、柯宇、方馨

2006年　武广客运专线　岳阳东站

设计时间：	2006年7月~2008年10月
竣工时间：	2009年12月
总建筑面积：	4790m²
站场规模：	站台数3个，到发线5条
最高聚集人数：	1000人
合作建筑师：	张继、陈卓

2006年　武广客运专线　衡山西站

设计时间：	2006年7月~2008年10月
竣工时间：	2009年12月
总建筑面积：	18600m²
站场规模：	站台数3个，到发线5条
最高聚集人数：	600人
合作建筑师：	张丹、郑小谷

2006年　武广客运专线　耒阳西站

设计时间：	2006年7月~2008年10月
竣工时间：	2009年12月
总建筑面积：	17520m²
站场规模：	站台数3个，到发线4条
最高聚集人数：	500人
合作建筑师：	程飞、曾宪鹏

2006年　石太铁路客运专线　太原南站

设计时间：	2006年1月~2009年12月
竣工时间：	2014年6月
总建筑面积：	183950m²
站场规模：	站台数10个　到发线18条
最高聚集人数：	6500
合作建筑师：	王力、张继、孙行、陈勇

2007年　石武铁路客运专线　郑州东站

设计时间：	2007年2月~2009年9月
竣工时间：	2012年9月
总建筑面积：	411840m²
站场规模：	站台数16个，到发线30条
最高聚集人数：	12500人
合作建筑师：	程飞、廖成芳、朱靖、赵鑫

2007年　甬台温铁路　台州站

设计时间：	2007年5月~2008年9月
竣工时间：	2009年11月
总建筑面积：	66430m²
站场规模：	站台数3个，到发线5条
最高聚集人数：	2000人
合作建筑师：	王力、王新

2008年　沪杭铁路客运专线　桐乡站

设计时间：	2008年6月~2009年6月
竣工时间：	2010年10月
总建筑面积：	14920m²
站场规模：	站台数2个，到发线4条
最高聚集人数：	800人
合作建筑师：	王力、郭捷捷、黄轲

2008年　沪杭铁路客运专线　海宁西站

设计时间：	2008年6月~2009年6月
竣工时间：	2010年10月
总建筑面积：	26420m²
站场规模：	站台数2个，到发线4条
最高聚集人数：	800人
合作建筑师：	王力、王斐、陶冶、刘观洋

2008年　沪杭铁路客运专线　嘉兴南站

设计时间：	2008年6月~2009年6月
竣工时间：	2010年10月
总建筑面积：	49310m²
站场规模：	站台数4个，到发线8条
最高聚集人数：	2000人
合作建筑师：	柯宇、陈卓、任磊、李莉萍

2008年　沪杭铁路客运专线　余杭南站

设计时间：	2008年6月~2009年6月
竣工时间：	2010年10月
总建筑面积：	25170m²
站场规模：	站台数2个，到发线4条
最高聚集人数：	800人
合作建筑师：	张丹、湖海鸥、郑小谷、张飞

2009年　新建杭州东站扩建工程　杭州东站

设计时间：	2000年9月~2012年3月
竣工时间：	2013年6月
总建筑面积：	321020m²
站场规模：	站台数15个，到发线30条
最高聚集人数：	15000人
设计指导：	袁培煌
合作建筑师：	咸广平、王力、王南、方馨、赵鑫

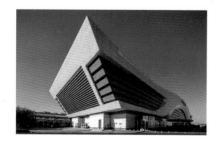

2009年　哈齐客运专线　大庆东站

设计时间：	2009年9月~2011年10月
竣工时间：	2015年3月
总建筑面积：	32680m²
站场规模：	站台数4个，到发线6条
最高聚集人数：	15000人
合作建筑师：	祝琬、贺一鸣、竺华、李柏霖

2010年　湖北城际铁路　花湖站

设计时间：　　　2010年3月~2010年12月

竣工时间：　　　2015年3月

总建筑面积：　　11200m²

站场规模：　　　站台数2个，到发线2条

最高聚集人数：　500人

合作建筑师：　　张丹、陈勇、付晓东、贺一鸣

2016年　新建黔张常铁路　张家界西站

设计时间：　　　2016年5月~2017年12月

竣工时间：　　　2019年12月

站场规模：　　　站台数7个，到发线13条

总建筑面积：　　66700m²

最高聚集人数：　4000人

合作建筑师：　　傅海生、程飞、李强、朱靖、廖成芳、
　　　　　　　　桑朝晖、亢轩

2016年　新建黔张常铁路　桃源站

设计时间：　　　2016年5月~2017年12月

竣工时间：　　　2019年12月

总建筑面积：　　20270m²

站场规模：　　　站台数2个，到发线3条

最高聚集人数：　500人

合作建筑师：　　张丹、朱靖、万倩、周磊鑫

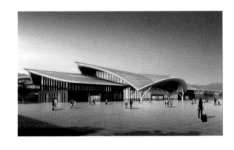

2016年　新建黔张常铁路　桑植站

设计时间：　　　2016年5月~2017年12月

竣工时间：　　　2019年12月

总建筑面积：　　15980m²

站场规模：　　　站台数2个，到发线3条

最高聚集人数：　300人

合作建筑师：　　尹博维、朱靖、廖成芳

2016年　新建郑州至万州铁路　襄阳东站

设计时间：　　　2016年7月~2018年3月

竣工时间：　　　2019年11月

总建筑面积：　　177740m²

站场规模：　　　站台数9个，到发线16条

最高聚集人数：　4000人

合作建筑师：　　盛辉、张丹、万倩、陈学民、刘俊山、
　　　　　　　　舟晓鸣、龚雯、周磊鑫、廖成芳

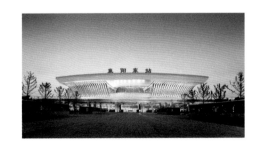

2017年　新建武汉至十堰高速铁路　丹江口南站

设计时间：　　　2017年3月~2018年5月

竣工时间：　　　2019年11月

总建筑面积：　　18210m²

站场规模：　　　站台数2个，到发线3条

最高聚集人数：　800人

合作建筑师：　　王力、胡华芳、樊昊

2017年　新建武汉至十堰高速铁路　随州南站

设计时间：　　　2017年4月~2018年7月

竣工时间：　　　2019年11月

总建筑面积：　　32635m²

站场规模：　　　站台数2个，到发线4条

最高聚集人数：　1000人

合作建筑师：　　尹博维、龙淳、蒋哲尧

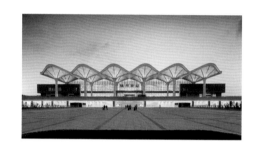

2017年　新建武汉至十堰高速铁路　安陆西站

设计时间：　　　2017年4月~2018年7月

竣工时间：　　　2019年11月

总建筑面积：　　22168m²

站场规模：　　　站台数2个，到发线2条

最高聚集人数：　1000人

合作建筑师：　　尹博维、尹进、盛毅

2017年　新建武汉至十堰高速铁路　云梦东站

设计时间：　　　2017年4月~2018年7月

竣工时间：　　　2019年11月

总建筑面积：　　24688m²

站场规模：　　　站台数2个，到发线4条

最高聚集人数：　1000人

合作建筑师：　　尹博维、王鑫、伏果

2017年　新建武汉至十堰高速铁路　随县站

设计时间：　　　2017年4月~2018年7月

竣工时间：　　　2019年11月

总建筑面积：　　15051m²

站场规模：　　　站台数2个，到发线2条

最高聚集人数：　800人

合作建筑师：　　尹博维、樊昊、孙婧

2017年　新建鲁南高速铁路　菏泽东站

设计时间：	2017年5月~2020年12月
竣工时间：	2022年5月（预计）
总建筑面积：	198690m²
站场规模：	站台数6个，到发线11条
最高聚集人数：	3000人
合作建筑师：	祝琬、石雨蕉、朱靖、廖成芳、赵鑫

2019年　新建杭衢铁路　衢州西站及综合交通枢纽

设计时间：	2019年10月~2021年5月
竣工时间：	2023年5月（预计）
总建筑面积：	157658m²
站场规模：	站台数4个，到发线7条
最高聚集人数：	4000人
合作建筑师：	王力、姜俊杰、何天一、沈博健、陶璐、田蓉、周磊鑫

2020年　新建武汉至宜昌高速铁路　汉川东站

设计时间：	2010年9月~2021年12月
竣工时间：	2022年12月（预计）
总建筑面积：	28390m²
站场规模：	站台数2个，到发线2条
最高聚集人数：	1100人
合作建筑师：	祝琬、石雨蕉、陈逸寒、宋欢欢

铁路客站设计方案（未实施）年鉴

2006年　新建铁路　南京南站

竞标方案

设计时间：	2006年12月
总建筑面积：	252570m²
站场规模：	站台数15个，到发线28条
最高聚集人数：	8000人
合作建筑师：	王力、廖成芳、熊伟、朱靖

2009年　石武铁路客运专线　许昌东站

竞标入围方案　　（专家评审第一名）

设计时间：	2010年4月
总建筑面积：	39620m²
站场规模：	站台数2个，到发线4条
最高聚集人数：	800人
合作建筑师：	王力、姜俊杰、朱靖

2009年　石武铁路客运专线　漯河西站

竞标入围方案　　（专家评审第一名）

设计时间：	2009年4月
总建筑面积：	45694m²
站场规模：	站台数2个，到发线4条
最高聚集人数：	800人
合作建筑师：	程飞、姜俊杰、朱靖

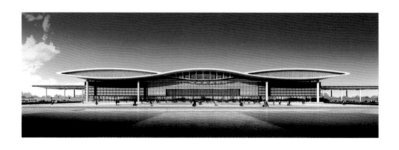

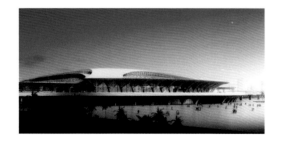

2012年　中国铁路广州局　佛山西站

竞标入围方案

设计时间：	2012年5月
总建筑面积：	118650m²
站场规模：	站台数10个，到发线22条
最高聚集人数：	3600人
合作建筑师：	王力、姜俊杰、朱靖

2014年　西安铁路局　西安站改扩建工程

竞标入围方案

设计时间：	2014年7月
总建筑面积：	116220m^2
站场规模：	站台数9个，到发线16条
最高聚集人数：	12000人
合作建筑师：	姜俊杰、王力

2016年　新建青岛至连云港铁路青岛胶南站

竞标入围方案　　（专家评审第一名）

设计时间：	2016年3月
总建筑面积：	119350m^2
站场规模：	站台数6个，到发线10条
最高聚集人数：	3500人
合作建筑师：	王力、姜俊杰

2016年　盐城市交通枢纽城市规划及方案设计国际竞赛

竞标入围方案

设计时间：	2016年11月
总建筑面积：	116220m^2
站场规模：	站台数9个，到发线16条
最高聚集人数：	3500人
合作建筑师：	祝琬、石雨蕉

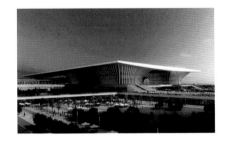

2018年　新建北京至雄安新区城际铁路　雄安站

竞标入围方案

设计时间：	2018年1月
总建筑面积：	226380m^2
站场规模：	站台数9个，到发线16条
最高聚集人数：	5000人
合作建筑师：	张丹、姜俊杰、戴维、张思然、何天一

2018年　新建杭州西站站房暨站城综合体

竞标入围方案

设计时间：	2018年7月
总建筑面积：	站房558960m^2，综合体1126890m^2
站场规模：	站台数11个，到发线20条
最高聚集人数：	6500人
合作建筑师：	张丹、姜俊杰、张思然、何天一

2018年　新建常德至益阳至长沙铁路　长沙西站

竞标入围方案　　　（专家评审第一名）

设计时间：　　　　2018年12月

总建筑面积：　　　站房334570m²

站场规模：　　　　站台数12个，到发线20条

最高聚集人数：　　5000人

合作建筑师：　　　祝琬、石雨蕉

2020年　新建深圳至江门铁路　东莞海滨湾站

竞标入围方案　　　（专家评审第一名）

设计时间：　　　　2020年6月

总建筑面积：　　　站房37620m²

站场规模：　　　　站台数2个，到发线4条

最高聚集人数：　　1000人

合作建筑师：　　　王力、胡华芳、何天一、王鑫

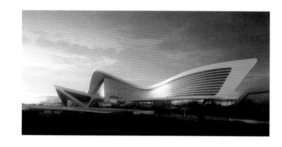

2020年　新建武汉至宜昌高速铁路　荆门西站

竞标入围方案

设计时间：　　　　2020年11月

总建筑面积：　　　站房78786m²

站场规模：　　　　站台数5个，到发线9条

最高聚集人数：　　3000人

合作建筑师：　　　姜俊杰、张思然、何天一、王鑫

陆

附录

铁路客站获奖情况

1. 2011年　武广客运专线长沙南站　湖北省勘察设计行业优秀建筑工程设计　一等奖
2. 2011年　武广客运专线衡阳东站　湖北省勘察设计行业优秀建筑工程设计　一等奖
3. **2013年　武广客运专线长沙南站　全国优秀工程勘察设计行业奖　三等奖**
4. 2013年　"桥建合一"高铁车站震动舒适度关键技术与应用　湖北省科技进步奖　一等奖
5. 2014年　杭州东站　湖北省勘察设计行业优秀建筑工程设计　一等奖
6. **2015年　杭州东站　全国优秀工程勘察设计行业奖　一等奖**
7. **2015年　杭州东站　香港建筑师学会两岸四地建筑设计论坛及大奖　卓越奖**
8. 2016年　郑州东站　湖北省勘察设计行业优秀建筑工程设计　一等奖
9. 2016年　杭州铁路东站枢纽广场　湖北省勘察设计行业优秀建筑工程设计　二等奖
10. **2016年　杭州东站　中国建筑学会建筑创作奖（公共建筑类）　入围奖**
11. 2016年　太原南站　湖北省优秀工程勘察设计　一等奖
12. **2017年　郑州东站　第十四届中国土木工程詹天佑奖　创新集体**
13. **2017年　杭州东站　第十五届中国土木工程詹天佑奖　创新集体**
14. **2017年　杭州东站　第19届亚洲建筑师协会最佳公共建筑大奖提名奖**
15. **2017年　太原南站　全国优秀工程勘察设计行业奖　一等奖**
16. **2017年　太原南站　香港建筑师学会两岸四地建筑设计论坛及大奖　银奖**
17. **2018年　太原南站　中国建筑学会建筑设计奖　建筑创作奖　银奖**
18. **2019年　郑州东站　全国优秀工程勘察设计行业奖　三等奖**

铁路客站主题演讲及发表论文

铁路客站学术论文

1. 2007年 《建筑创作》第4期 山与水的交响：新长沙站设计方案
2. 2009年 《建筑学报》第4期 "文化性"在大型交通枢纽设计中的体现——从郑州东站到杭州东站
3. 2009年 《2009中国铁路客站技术国际交流会论文集》 铁路客运站房室内空间设计初探
4. 2010年 《城市建筑》第4期 杭州东站设计
5. 2010年 《全国铁路客站建设管理研讨会论文集》 当代铁路客站细部设计探索
6. 2011年 《新建筑》第1期 铁路枢纽站房建筑创作体会
7. 2013年 《铁道经济研究》第6期 综合交通枢纽与城市交通体系的整合
8. 2014年 《城市建筑》第2期 铁路交通枢纽设计的绿色生态策略——以太原南站站房工程实践为例
9. 2018年 《新建筑》第1期 形式之外——太原南站建筑创作实践
10. 2018年 《建筑技艺》第2期 意·形·技——结构单元体与空间塑造
11. 2018年 《建筑技艺》第9期 当代铁路综合交通枢纽建筑创作与实践
12. 2018年 《建筑技艺》第9期 结构即空间，结构即建筑——以结构逻辑为主线的铁路旅客车站空间塑造
13. 2021年 《华中建筑》第4期 站与城：城市更新背景下的"站城一体化"

铁路客站学术活动

参编《建筑设计资料集》（第三版）（ISBN：978-7-112-20945-3），担任第7分册编委会委员、第7分册"铁路旅客车站"章节主编。

2009年 武汉 中国铁路客站技术国际交流会 演讲《长沙南站建筑创作》

2010年 西安 铁路客站建设管理研讨会 演讲《当代铁路客站细部设计探索》

2010年 武汉 华中科技大学 城市大提速——武汉高峰论坛 主题演讲《铁路枢纽站房建筑创作体会》

2011年 上海 交通建筑设计高峰论坛 主题演讲《铁路交通枢纽与城市交通体系的整合》

2013年 武汉 中法国际交流论坛 主题演讲《当代铁路客站建筑创作实践》

2017年 贵阳 第二届中国建筑原创设计论坛及作品展 展出作品：太原南站、杭州东站

2018年 太原南站入选中国建筑学会指定国际交流图书《中国建筑设计作品选 2013-2017》

2018年 武汉 现在与未来——新一代铁路交通枢纽设计高峰论坛 主题演讲《当代铁路交通枢纽建筑创

作实践》

课题研究成果

1. 2012年　中国铁道学会研究课题《绿色铁路客站标准及评价体系研究》
2. 2020年　住房和城乡建设部科学技术计划项目《铁路交通枢纽建筑绿色性能化设计与决策系统研究及应用》
3. 2016年　大型铁路交通枢纽设计的绿色生态策略
4. 2018年　复杂无缝异形双曲面外表皮技术研究与应用
5. 2020年　钢桁架及大曲率负高斯曲面单层ETFE膜结构成形关键技术研究

不忘初心　无问西东[1]

（一）少年梦

　　我的家庭条件发生根本性好转是在1978年。当了很多年右派分子的父亲"摘帽"了，我们一家人也团聚在父亲任教的中学里。当时家里订阅了三本杂志：《少年文艺》《青年文学》《人民文学》，这是我从初中到高中的主要课外读物，每一本我都反复阅读，比看课本还认真。记得上初中二年级时，《少年文艺》发表了王安忆的小说《谁是未来的中队长》，在全国引起轰动，并引起了一场大辩论。我也偷偷地给编辑部写了一封信，参与大辩论。中学时代，我

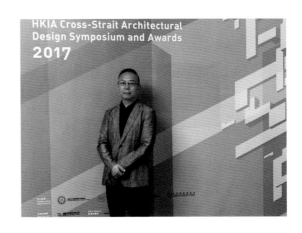

怀里一直揣着的是文学梦。在外地上高中时，父亲每月都会把这几本文学杂志寄给我。我语文成绩一直很好，高中班主任是语文老师，有一次上课还把我写的一篇散文《花》当作范文进行了分析讲解。但是我最终还是顺从父亲的意愿选择了学理科，也是顺应了当年的时代潮流吧："学好数理化，走遍天下都不怕"。1982年春节，我父亲一个考上了天津大学的学生到我家来拜年，带给我天津大学建筑系春天般美好的信息：建筑系是天大最好的系，建筑系的学生才华横溢，赢得了全国大学生设计竞赛；建筑系的学生上课也很自由，背着画夹到处跑。半年后高考填写志愿，我没有服从父亲建议的"应用数学"专业，而是听从了内心的召唤，全部五个志愿都选择了建筑学专业，第一志愿便是天津大学。1982年天津大学建筑系建筑学专业在湖北招生两名，我是其中之一。

（二）求学之路

　　我算是误打误撞进入天大建筑系建筑学专业，现在回头看，正好赶上了天大建筑系的黄金年代。20世纪80年代初期，天大建筑系师资力量雄厚，以彭一刚先生、聂兰生先生为代表的教师群体，正是年富力强，如日中天；学生之中未来之星云集，风华正茂，崔愷、周恺、张颀、王兴田等，都是我们的明星学长。1981年、1982年天大建筑系连续两届大学生设计竞赛取得特别优异的成绩。我和其他新生一样，总是默默地仰视着他们、崇拜

1　本文为作者的一篇微信推文，2019年11月由"建筑匠人"公众号推出。

着他们，甚至希望能从他们身上找到一些秘籍和神技。一年级的我们在阶梯教室做初步设计时，学长们在阶梯教室最后面的隔间做毕业设计。我们经常过去骚扰，甚至请他们来帮我们改图。记得一位学长很认真严肃地告诉我们，以后是要当高级建筑师的。学长们的优秀作业挂在教学楼的走廊里，我常常独自去观摩，从设计内容到版面构图，一遍又一遍地恨不能刻在脑海里。那时候对外学术交流活动也很丰富，在建筑系的走廊里有时候也能看到日本神户大学或来自

天津大学第八教学楼（原建筑系教学楼）

德国的大学的设计作业展览，从作业图面上看，和我们的风格完全不一样，没有那么多的花花草草，很工整，有工程制图的感觉。建筑系的资料室是一个好去处，非常安静，图书管理员亲切和蔼，图书资料丰富，是我大学时期的"百草园"。因为日本的建筑杂志能够看个一知半解，是我最喜欢的，除了《新建筑》期刊之外，还有很多日本建筑大师的专辑，包括村野藤吾、前川国男、丹下健三、黑川纪章等都能找到，我在这里看完了芦原义信的《外部空间设计》。大开本的散发着油墨味的苏联建筑杂志也很有趣，大尺度的建筑巨构、英雄主义的建筑风格也给我留下深刻印象。当然还有很多看不懂的德文杂志、英文杂志。有一天在系资料室看到中南建筑设计院主编的《华中建筑》杂志，则是一个惊喜。其中有一期深圳国贸大厦（中国第一栋超高层建筑，深圳特区建设与发展的标志）的设计专辑，我被一个个精彩纷呈的方案所打动，花了一下午时间，用钢笔画记录在速写本上。这也让我初步了解到家乡有个中南建筑设计院。所以毕业时，我主动放弃了分配到当时的城乡建设环境保护部建筑设计院的机会（我当时真的是不了解，以为这是一个保护环境之类的设计研究机构，哪里知道其实是独步天下的建设部设计院），在荆其敏老师的帮助下，调配到我向往的中南建筑设计院。

刚到天津大学求学时，我还是承受了比较大的压力的，这些压力后来能够成为我进取向上的动力，与先生们的谆谆教诲是分不开的。先生们和蔼可亲，对我们很宽容，我一直念念不忘，心怀感激。记得有一次是一个纪念馆的设计课作业，因为专门用来画钢笔画的小钢笔坏掉了，我全部用铅笔画徒手完成，这次大胆的作业，其实是我时间来不及了，有投机取巧的成分在其中。交完作业我一直忐忑不安，但到最后我还是获得了一个比较好的分数。

直到现在，还有一件事让我耿耿于怀。我们材料力学的授课老师，应该是土木系的教授，年纪可能比我父亲还大几岁，个子不高，头发不多，眼睛大而有神。老先生教学很严谨，一丝不苟，可能是因为讲话带有四川地方口音，有时候上课人数并不多。有一天上课人数特别少，老先生强忍着悲愤的心情给我们授完课，直奔系主任办公室，声泪俱下地控诉我们。作为课代表，我深受触动的同时心里也产生了一种罪恶感。知耻而后勇，虽然最后材料力学考试比较难，但我还是获了接近满分的最高分。后来有一天，在建筑系教学

大学实习时在秦皇岛海边

楼下碰到了老先生，老先生主动走过来，用温暖的目光注视着我，很温和地问我有没有可能报考他的研究生。我几乎没有任何犹豫就很直接很粗鲁地拒绝了，甚至都没有说一句感谢的话。现在每当回想起这一幕，我都深感惭愧内疚，希望先生能宽恕我的年少无知和鲁莽。也许先生对我的期望一直在冥冥之中引导着我，我清晰的力学概念及对结构形式与建筑空间关系的把握，一直很自然地贯彻在我的建筑创作过程中。多年以后，当我在办公室和日本结构大师渡边邦夫面对面地讨论长沙南站的结构方案时，我突然想起当年在大学教我们材料力学的老先生，先生的形象和我眼前的渡边邦夫先生重叠在一起，如父亲一般的慈祥。

2017年在天津大学建筑学院与彭一刚先生合影

我本科毕业时一心想报考彭一刚先生的研究生，比较执着，但没有如愿。在设计院参加工作后的很长一段时间里，我无数次梦回天大，在梦里跟随彭先生学习。梦中的场景非常逼真，彭先生告诉我门厅对组织空间的重要性，还建议我把庭院空间组合在图书馆的空间之中（2002年至2004年我完成四个高校图书馆的设计，规模都比较大，形态风格各异，但无一例外都采用了庭院空间）。直到毕业二十多年后，我邀请彭先生到武汉参加我的设计作品交流会，再次聆听先生的教诲，才终止了以前反复出现的梦境。

（三）在设计院

1986年我如愿来到中南院，一个具有深厚历史和文化底蕴的大型综合设计院，曾经的六大部属院之一。这里老前辈很多，给了我很多学习机会。我到中南院后，和新分配来的同事一起，先是在袁培煌总建筑师带领下，集中完成了一个方案设计任务，但并没有像其他人那样分配到各个生产所，而是被留在当时的"总师办"，跟随总建筑师袁培煌先生，和他在一间不大的办公室面对面共用一张办公桌。袁培煌先生是我在中南院的第一个启蒙老师，我最初跟着袁总主要是做方案设计，有时候也画一些简单的施工图。那时候，重大项目设计任务，常采用院内七个设计所一起搞内部方案竞标的方式确定方案。在会议室墙上挂满了图，各设计人讲解方案，然后进行公开评审，最后投票决定，过程很激烈也很刺激。在袁总指导下，我第一次参加院内方案竞标，居然就中标了一个高层建筑"武汉市物资贸易大厦"，当时我还是实习生。中南院和袁大师能给我给我这样的新人一举中标的机会，给了我职业生涯一个良好的开端，让我建立了自信，对此我永远心怀感恩。直到现在我仍然对方案竞标保持着浓厚的兴趣，习惯成自然，并从中获得了乐趣。因为"总师办"当时只有我一个建筑学专业的年轻人给老总们当助手，和几位老总的交流还是很多的。袁总办公室隔壁是向欣然副总建筑师。向总毕业于清华大学，极富创作激情，才思敏捷，建筑画也画得特别好，有艺术家风范，交谈起来直截了当，语速快，声音洪亮，信息量大。有一次他把《清式营造则例》复印件交给我，指导我完成了一个仿古建筑的斗栱施工大样图，还表扬了我。袁总办

1994年李春舫手绘深圳世贸广场渲染图　　　　　　　　深圳世贸广场实景（1997年）

公室对面是我天大的老前辈黎卓健（和我大学时期的老师荆其敏先生是同学）副总建筑师，严谨细致，和蔼可亲，常见他在办公桌上架着图板安安静静地画图。在参加武汉市劳动大厦方案设计的过程中，黎总几乎是手把手地辅导我，1989年黎总又带我参加了深圳机场航站楼的设计。从老一辈建筑师身上，我获益最大的是职业建筑师严谨的工作态度和精益求精的工作作风。

　　我是带着一个高层建筑项目（石家庄企业家大厦）离开"总师办"到生产所的。这也是袁总带我完成的第一个从方案到施工图全过程的工程，短时间我在方方面面都得到了锤炼。1993年至1994年，在袁培煌大师带领下，我们完成了深圳世界贸易广场设计，这是我作为执行设总完成的第一个重大项目，位于深圳福田区商业中心，集多种使用功能为一体，是深圳市早期的超高层城市综合体，于1996年建成。整个项目设计是在当时的深圳分院完成的，每隔一段时间袁大师就去分院指导我们。还记得对主体两翼的公寓（其实就是高级住宅）平面的修改，袁总亲自画草图，一轮又一轮，直到无可挑剔，这种敬业精神不仅感化了我们年轻人，同时也让业主非常感动。即使到了八十多岁高龄，袁大师依然思维敏捷，紧跟时代，建筑大局观清晰而独到，总能让我们获益匪浅。

（四）建筑创作之路

　　1999年，我在武汉国际会展中心的设计竞标中获胜，这是我建筑创作之路上的第一个里程碑。现在回想起来，那是一段不可思议的梦幻般的经历。作为当时武汉市特别重大和重要的一个民心工程，市政府非常重视，除了武汉市的设计单位外，还邀请了两家境外公司参加竞标。中南院建筑师几乎是倾巢出动，集中起来为荣誉而战。先是院内方案竞争，最后采用所有方案设计人集体投票的方式，推选出优胜方案再和外单位对决。市政府把专家评选出的几个入围方案在湖北省及武汉市的四家主流报纸上展示并征求公众实名投票，我最终赢得了这一次竞标（专家评审与市民投票都是第一）。因为要承办2001年9月的中国国际机电博览会，意味着从开始初步设计到投入使用，只有一年零八个月的时间，很多人认为这不可能。政府部门也很担心，所以集中有关各单位负责人在现场签署军令状并举行宣誓仪式。我面临巨大压力与挑战，处于一种近乎疯狂的工作状态，有一段时间身体也出现了心跳过速的问题，但在当时实在没有时间生病啊，只好硬扛着。在武展施工图设计过程中遇到的技术问题不少，中心花篮状的玻璃体结构设计就是其中一个，主要是幕墙维护结构的支撑问题，最后的方案是我提出来的，把幕墙的桁架结构反过来放在室外，桁架上部与主体结构通过水平杆件连接形成整体，最终和结构工程师达成共识。在限定条件中，通过创造性的设计来满足结构合理性要求，同时也产生出新的建筑形态。武汉国际会展中心的成功，使我在2001年获得了"武汉市十大杰出青年"的称号。

　　方案竞标就像考试，面对同一份试卷，提出更好的答案并得到了认可才有可能成功。每一次竞标都是一场短兵相接、刺刀见红的战斗。21世纪初，大学校园建设迎来了一个建设高潮。2001年我第一次做大学校园规划（三峡大学改扩建规划概念设计方案）时，对手来自国内几个名牌大学，他们当时几乎垄断了大学校园规划。我偶然地拿到标书的时候，离最终交标仅剩21天时间。我一时冲动地揽下了活儿。经过一个星期的草图、讨论方案并列出问题后，我立即带设计团队去现场；现场回来再花一周时间把方案完善，再带模型公司负责人去现场熟悉地形地貌并研究模型做法；第三周则夜以继日地完成设计成果。方案出乎意料地被评为第一名（主要是我把极其复杂的地形条件梳理清楚了，并作出了相对合理的应对），成为中标实施方案。从此以后，一发而不可收，我

武汉国际会展中心外景　　　　　　　　　　　　　　　　　武汉国际会展中心局部

湖北经济学院新校区实景   湖北经济学院新校区俯视地图

带领团队夺得多个校园规划的竞标，这当时在大学以外的设计院并不多见。湖北经济学院新校区是我的代表作，一个占地1800亩、在校学生22000人的新校区。2002年方案中标，为院里挣得50万元方案奖金（记得在当时还算是比较高的方案竞标奖金，我自己分得两万元，心满意足）。我和我们团队完成了湖北经济学院新校区总体规划与整个校园四十多万平方米的单体设计（单体设计当时也另外进行了方案竞标，我们顺势拿下）。湖北经济学院新校区规划因地制宜，巧于因借，完全保留原生树林和水塘，并将校园内低洼处整合成自然水体，构成建筑组团之间的"细胞质"，将各个功能组团适度地聚集成"细胞核"，嵌入自然生态环境之中，形成极具特色的生态校园。

过去十多年，中国高铁建设迎来了大发展。2005年我开始设计新一代铁路客站时，国内省会城市的大型火车站基本上都是由境外公司做方案，国内设计单位完成施工图。我印象中当时由国内设计院完成方案的省会城市大站并不多，我和我的团队赢得了有多家境外公司参加的长沙南站方案竞标，这是我第一个高铁站房作品，也是中南院第一个省会城市大站。

从那之后到现在过去了十多年，作为主持建筑师，我和我的团队不断地赢得竞标，我主持完成了三十多个火车站的设计，大部分都建成了。在这个过程中遇到的难题也不少，都是依靠团队的通力协作来解决。新一代铁路客站，设计理念的创新是最重要的，探索和进步也是无止境的。功能性和系统性为根本，在文化性地域性时代性方面展现创新和突破。我们拥抱现代建筑技术，最终目标是为旅客提供更好的空间环境，提供更好的服务条件。人的行为规律，旅客的体验，是我们设计的出发点。比如，我固执地认为旅客的体验，是从客站的落客平台开始的，此处设一个全天候的半室外过渡空间很有必要，这一点充分体现在我的铁路客站设计作品中。

对各类大型空间结构，我愿意花时间去琢磨，让结构设计与建筑浑然一体，是我很在意的一方面。比如太原南站的钢结构单元体特点鲜明，有很清晰的力学逻辑，形成独具一格的空间形态。我把结构作为建筑的表现，尽力减少多余的装饰。长沙南站从站房到站台雨棚全是树枝状的结构体系，它很轻巧灵动，自由生长，符合南方的地域气候特点。我重视在优化功能流线的大前提下，表达地域文化特色：太原南站是"唐风晋韵"的现代表达；郑州东站创造了一种全新的铁路客站形象，体现中原文化沉稳厚重的历史文化底蕴；杭州东站则体现出面向未来的创新精神。我对铁路客站与城市的关系也进行了初步探索：杭州东站及广场枢纽综合体是杭州"城东新城"的核心，是一个超级城市综合体，也成为"站城融合"的先行样板。

当代建筑技术发展日新月异，我们很难再用秦砖汉瓦来实现大尺度的建筑空间，我们还是要拥抱现代建筑技术。用当代最适宜的技术提供高品质和高舒适度的建筑空间，满足人民群众日益增长的需求，在合理性的基础上实现创造性，这就是我的建筑设计观。

这些年，我把主要精力放在了铁路客站项目，同时也完成了一些其他类型的建筑设计，如中国动漫博物馆、浙江黄龙体育中心游泳跳水馆，国家地球空间产业园（武汉）。

（五）做个好工匠

建筑师面临的诱惑和选择很多，但沉下心来做建筑设计才是我最能应对的事。我有时会冷静下来思考一些问题，修正自己的前进方向，遵循精益求精、锲而不舍的工匠精神，总希望下一个才是我最好的作品。建筑学意义上的好作品，需要用建筑师的心血凝聚而成。我一直认为，建筑师在整个职业生涯中有三到五个好作品就非常成功。我的确是在为量大面广的设计产品而勤奋工作，同时也没有放弃自己的梦想和追求。我检视自己的设计成果，进行反思和反省。我有时徘徊于建成后的作品现场，像个老农查看自己种的庄稼，常发现当初豪情万丈的设计，实际上完成度有限，甚至在设计上也有一些处理不当的地方，我会很失落，会对自己的把控能力失望，就像

太原南站

长沙南站候车大厅

杭州东站

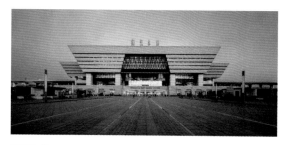

郑州东站

工匠对自己的手艺不满意，纠结。我完成的很多项目都没有拍照片也不去报奖，一方面是因为工作太忙了没有时间，另一方面其实是我自己不太满意，认为不值得。建筑师实际上最后是还是要跟自己决斗，不断地唤醒自己，不沉沦不放弃，不幻想着走捷径，而是用自己诚实的劳动换来尊严。我提醒自己保持头脑清醒，坚持独立思考，而不是人云亦云、随波逐流。建筑师就是一个工匠，所谓"匠心独具""艺术巨匠"，都得有一颗匠人之心。建筑创作是一个厚积薄发的过程，也许厚积了一辈子也没有薄发的机会，但是没有厚积是不可能真正薄发的。所谓的"灵光闪现"，就是经验和认知积累到一定程度，灵感不由自主地爆发出来，灵感来自匠心。

这就是我所理解的工匠精神：持之以恒地努力并不断地学习和更新技能，自我反省，保持进步达到一定的高度，并毫无保留地把知识和经验传授给下一代。我心安理得地愿意成为一个建筑工匠，更希望能够成为这个时代的好工匠。

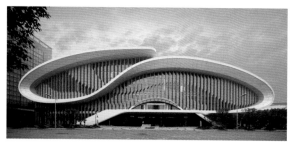

浙江黄龙体育中心游泳跳水馆

中国动漫博物馆

后记

Postscript

　　中国高速铁路的建设与发展令世界瞩目，我们很幸运地成为这一工程奇迹的参与者和见证者。在中国铁路总公司（原中国铁道部）的信任与支持下，在中南工程咨询设计集团和中南建筑设计院股份有限公司决策层的引领下，我们的铁路客站设计团队在过去15年完成了超过200个铁路客站的设计，作品分布在全国20多个省。在紧张繁忙的日常工作之余，我断断续续地完成了此书稿，是对自己铁路客站设计历程和理论研究的一个阶段性的总结，从某种意义上讲也是一个自我审视的过程。我希望能够站在新的起点，对中国当代铁路客站这一设计领域进行更多有益的探索和实践。由于我个人能力有限，成书过程也较为仓促，还存在许多不足之处，敬请大家批评指正。

　　在本书成稿过程当中，我的合作建筑师们为我提供了全力的帮助，在此向他们表示感谢。感谢公司科研管理部郑瑾副部长和同事们高效率的工作；感谢湖北华中建筑杂志有限责任公司副总经理毛佩玲提供技术支持；同时感谢袁培煌建筑大师一直以来对我的关心和支持；特别感谢汪原教授对我作品的关注和评论。

图书在版编目（CIP）数据

中国当代铁路客站建筑创作与实践 = ARCHITECTURAL CREATION AND PRACTICE IN CHINA'S CONTEMPORARY RAILWAY STATIONS / 李春舫著. —北京：中国建筑工业出版社，2021.10
ISBN 978-7-112-26240-3

Ⅰ.①中… Ⅱ.①李… Ⅲ.①铁路车站－客运站－建筑设计－研究－中国 Ⅳ.①TU248.1

中国版本图书馆CIP数据核字（2021）第111953号

责任编辑：刘　静　陆新之
责任校对：芦欣甜
版面策划/封面设计：毛佩玲
建筑摄影：施　峥　丁　烁　赵奕龙　邵忠国

中国当代铁路客站建筑创作与实践
ARCHITECTURAL CREATION AND PRACTICE IN CHINA'S CONTEMPORARY
RAILWAY STATIONS
李春舫　著

*

中国建筑工业出版社出版、发行（北京海淀三里河路9号）
各地新华书店、建筑书店经销
北京锋尚制版有限公司制版
北京雅昌艺术印刷有限公司印刷

*

开本：880毫米×1230毫米　1/16　印张：22¾　字数：585千字
2021年8月第一版　2021年8月第一次印刷
定价：288.00元
ISBN 978-7-112-26240-3
（37825）